Sekundarstufe

Friedhelm Heitmann

Elementare Algebra

... kleinschrittig erklärt & umgesetzt

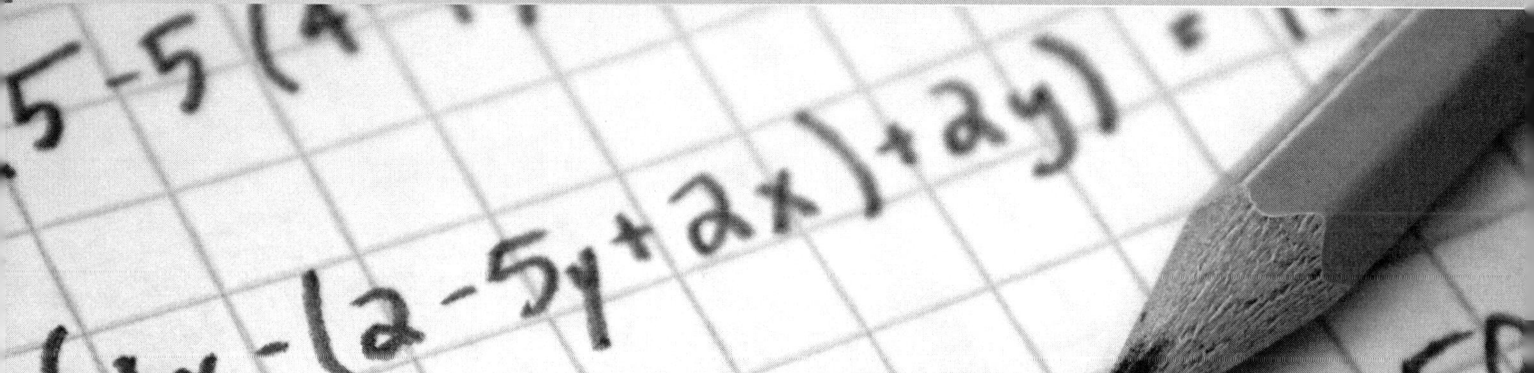

Wiederholung, Stärkung und Festigung vorhandener mathematischer Kenntnisse

Elementare Algebra

... kleinschrittig erklärt und umgesetzt

4. Auflage 2026

Inhalt: Friedhelm Heitmann
Umschlagbilder: © R MACKAY & HNKz - AdobeStock.com
Redaktion: Christian Neuse & Kohl-Verlag
Grafik & Satz: Kohl-Verlag
Druck: Druckerei Flock, Köln

Bestell-Nr. 12 314

ISBN: 978-3-96040-487-3

Kontakt: Kohl-Verlag, An der Brennerei 37-45, 50170 Kerpen
Tel: +49 2275 331610, Mail: info@kohlverlag.de

Der vorliegende Band ist eine Print-Einzellizenz

Sie wollen unsere Kopiervorlagen auch digital nutzen? Kein Problem – fast das gesamte KOHL-Sortiment ist auch sofort als PDF-Download erhältlich! Wir haben verschiedene Lizenzmodelle zur Auswahl:

	Print-Version	PDF-Einzellizenz	PDF-Schullizenz	Kombipaket Print & PDF-Einzellizenz	Kombipaket Print & PDF-Schullizenz
Unbefristete Nutzung der Materialien	x	x	x	x	x
Vervielfältigung, Weitergabe und Einsatz der Materialien im eigenen Unterricht	x	x	x	x	x
Nutzung der Materialien durch alle Lehrkräfte des Kollegiums an der lizensierten Schule			x		x
Einstellen des Materials im Intranet oder Schulserver der Institution			x		x

Die erweiterten Lizenzmodelle zu diesem Titel sind jederzeit im Online-Shop unter www.kohlverlag.de erhältlich.

Inhaltsverzeichnis

Vorwort

Liebe Kolleginnen, liebe Kollegen,

das Fach Mathematik bereitet sehr vielen Heranwachsenden große Schwierigkeiten, u.a. Verständnisprobleme. Dies betrifft auch das Rechnen mit Termen, die Variable aufweisen. In dieser Hinsicht versucht der vorliegende Band Hilfe zu leisten.

Der Band bietet eine fundamentale, detaillierte Einführung in die Thematik Terme mit Variablen – ein mathematischer Bereich, der in der Umgangssprache bisweilen als „Rechnen mit Buchstaben“ bezeichnet wird. Nicht behandelt werden im dargebotenen Band Terme mit Variablen in Gleichungen. Die Behandlung dieser umfangreichen Thematik erfolgt u.a. im ebenfalls von mir verfassten und im Kohl-Verlag erschienenen Band „Lineare Gleichungen mit 1-3 Unbekannten“[1].

Der vor Ihnen liegende bzw. in Ihren Händen befindliche Band „Elementare Algebra“[2] befasst sich in allgemeinverständlicher Sprache sowie in kleinen Schritten mit der angesprochenen Thematik. Die meisten Blätter des Bandes sind in der Regel so konzipiert und aufgebaut: Nach der Überschrift wird das jeweilige Unterthema näher erklärt. Sodann folgen gewöhnlich drei Aufgaben mit vorgerechneten Lösungen. Schließlich werden die Aufgaben genannt, die die Schüler(innen) zu bearbeiten haben. Der Band hält zwei Arbeiten/Tests bereit. Am Ende des Bandes wird ein Quiz(spiel) angeboten, das im Unterricht variabel einsetzbar ist.

Für Hinweise auf etwaige Fehler im Band sei im Voraus gedankt. Willkommen sind ebenfalls (weitere) Anregungen zur Verbesserung des Bandes. Viele Erfolge beim Einsatz der präsentierten Materialien im Unterricht wünschen Ihnen das Team des Kohl-Verlags und

Friedhelm Heitmann

[1] Friedhelm Heitmann, Lineare Gleichungen mit 1-3 Unbekannten - Lineare Gleichungen schrittweise lösen, umstellen und umformen; Kerpen (erstmals veröffentlicht 2019); Best.-Nr. 12 239

[2] Das Wort Algebra kommt ursprünglich aus der arabischen Sprache und heißt wörtlich übersetzt so viel wie „Verknüpfung getrennter Teile“.

Aufgrund der besseren Lesbarkeit wird im Folgenden die männliche Form Schüler bzw. Lehrer verwendet. Gemeint sind damit selbstverständlich auch die weiblichen Personen.

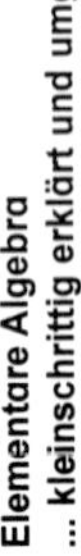

Verschiedene Rechenarten

Die 4 Grundrechenarten heißen:

- die Addition (= das Zusammenzählen, +)
  Verb: addieren

- die Subtraktion (= das Abziehen, -)
  Verb: subtrahieren

- die Multiplikation (= das Malnehmen, •)
  Verb: multiplizieren

- die Division (= das Teilen, :)
  Verb: dividieren

Das Ergebnis lautet:

- bei der Addition ➲ Summe
- bei der Subtraktion ➲ Differenz
- bei der Multiplikation ➲ Produkt
- bei der Division ➲ Quotient

In Rechenaufgaben können zugleich verschiedene Grundrechenarten vorkommen. Dabei ist der Merkspruch (= „Eselsbrücke") gültig:

> *Punkt vor Strich, die Klammer (aber) sagt:*
>
> *„Zuerst komme ich".*

Mit Punkt ist die Punktrechnung (= Multiplikation und Division), mit Strich die Strichrechnung (= Addition und Subtraktion) gemeint. Demnach sind also Punktrechnungen vor Strichrechnungen durchzuführen. Wenn es jedoch eine oder mehrere Klammern in der Aufgabe gibt, so muss zuvor ausgerechnet werden, was in (der) Klammer(n) steht.

Im Übrigen gilt es unbedingt zu beachten: Vorkommende höhere Rechenarten wie z.B. Potenzen (Beispiel: 7^2) und Wurzeln (Beispiel: $\sqrt{81}$) haben Vorrang vor den Grundrechenarten, d.h. müssen vorher erfolgen. Diese höheren Rechenarten haben aber keinen Vorrang vor Klammern.

Zwei Rechengesetze

Bei der Addition und Multiplikation lässt sich das Kommutativgesetz (= Vertauschungsgesetz) anwenden. *commutatio* (lat.) = Veränderung, Tausch

Beispiel für die Addition:

$5 + 8 = 8 + 5 = 13$

oder mit Buchstaben ausgedrückt

$a + b = b + a$

Beispiel für die Multiplikation:

$5 \cdot 8 = 8 \cdot 5 = 40$

oder mit Buchstaben ausgedrückt

$a \cdot b = b \cdot a$

Ebenfalls ist bei der Addition und Multiplikation das Assoziativgesetz (= Verbindungsgesetz) anwendbar. *socius* (lat.) = gemeinsam, verbunden

Beispiel für die Addition:

$16 = 13 + 3 = (5 + 8) + 3 = 5 + (8 + 3) = 5 + 11 = 16$

oder mit Buchstaben ausgedrückt

$(a + b) + c = a + (b + c)$

Beispiel für die Multiplikation:

$120 = 40 \cdot 3 = (5 \cdot 8) \cdot 3 = 5 \cdot (8 \cdot 3) = 5 \cdot 24 = 120$

oder mit Buchstaben ausgedrückt

$(a \cdot b) \cdot c = a \cdot (b \cdot c)$

Aufgabe 1: *Du hast den Text auf der vorherigen Seite und auf dieser Seite gelesen. Kreuze an: Welche der folgenden Aussagen sind richtig, welche sind falsch?*

		Richtig	Falsch
1.	Der Fachbegriff für die Plusrechnung ist Addition.		
2.	Die Subtraktion ist das Gegenteil zur Division.		
3.	Das Resultat bei der Multiplikation nennt man Quotient, das der Division Produkt.		
4.	Die Punktrechnung umfasst die Multiplikation und Division.		
5.	Die Multiplikation sowie Division haben Vorrang vor der Addition und Subtraktion.		
6.	Zuerst muss berechnet werden, was außerhalb einer oder mehrerer Klammern steht.		
7.	Höhere Rechenarten müssen vor den Grundrechenarten durchgeführt werden.		
8.	Man kann das Kommutativgesetz auch Verbindungsgesetz nennen, das Assoziativgesetz als Vertauschungsgesetz bezeichnen.		
9.	Das Kommutativgesetz und das Assoziativgesetz gelten nur für zwei Grundrechenarten.		
10.	Das Vertauschungsgesetz lässt sich u.a. so ausdrücken: $a + b = a \cdot b$		
11.	Das Kommutativgesetz besagt, dass bei der Veränderung der Reihenfolge der zu multiplizierenden Zahlen das Endergebnis gleich bleibt.		
12.	Es gilt stets: $(a \cdot b) \cdot c = a + (b \cdot c)$		

Aufgabe 2: *Verbessere jetzt die falschen Aussagen.*

Terme und Variablen – was sind das?

In der Umgangssprache sagt man manchmal „Rechnen mit Buchstaben“. Die korrekte mathematische Bezeichnung dafür ist jedoch „Terme mit Variablen“.

Terme sind sinnvolle Rechenausdrücke, womit gerechnet werden kann.

terminus (lat.) = Grenze, Grenzstein, Ziel

term (engl.) = Ausdruck, Bezeichnung

Die Terme weisen keine Relationszeichen auf, also kein Gleichheitszeichen (=), kein Größer als-Zeichen (>), kein Kleiner als-Zeichen (<) ...

Es gibt Terme, die nur aus einer oder mehreren Zahlen sowie eventuell Rechenzeichen bestehen.

<u>Drei Beispiele</u>:

5 oder $3 + 9$ bzw. $16 – 3 + 6$

Im Weiteren kommen Termen vor, die eine oder noch mehr Variable enthalten. Variable werden gewöhnlich geschrieben als Buchstaben. Sie stehen für veränderliche Größen.

variabilis (lat.) = veränderlich, verschieden

Man bezeichnet Variable in der deutschen Sprache als Platzhalter oder veränderliche Größen.

Unterschieden wird zwischen gleichartigen und ungleichartigen Termen. In einem gleichartigen Term sind gleiche Variable enthalten, in einem ungleichartigen Term verschiedene Variable.

Ein Beispiel für einen gleichartigen Term: $7a + 9a$

Ein Beispiel für einen ungleichartigen Term: $15x – 6y$

Folgende Ausdrücke sind <u>keine</u> Terme (mit Variablen):

$3a + 2a = 20$

$9b :$

$4x > 3x$

$x + 2y-$

$7z : 0$

<u>Aufgabe 1</u>:

a) *Erkläre, was Terme sind.*
b) *Was haben Terme nicht?*
c) *Woraus können Terme allein schon bestehen?*
d) *Was kann in Termen sonst noch enthalten sein?*
e) *Was sind Variable?*
f) *Was sind gleichartige Terme?*
g) *Ungleichartige Terme – was sind das?*

<u>Aufgabe 2</u>: *Terme oder keine Terme?*

Bestimme und ordne richtig zu, ob es sich bei den folgenden sechs Angaben um Terme handelt oder nicht.

$4 + 5 + 6$ $6a = 24$ $3x \cdot 8$

$21 > 20$ $7b - 2b$ $16xy :$

Terme	keine Terme

Koeffizienten

Wir wissen jetzt, was Terme und Variable sind. Im Weiteren müssen wir uns noch die Bezeichnung Koeffizient(en) merken.

Mit dem Begriff Koeffizient ist jeweils die Zahl gemeint, die unmittelbar vor bzw. bei Variablen steht. Man bezeichnet Koeffizienten in der deutschen Sprache auch als Vorzahlen bzw. Beizahlen. Der Begriff Koeffizient ist abgeleitet aus der lateinischen Sprache:

con (lat.) = zusammen, mit; *efficere* (lat.) = bewirken

<u>Zwei Beispiele für Koeffizienten</u>:

Gewöhnlich wird die Zahl 1 als Koeffizient weggelassen.

<u>Zwei Beispiele dafür</u>: b (bedeutet 1b) ab (bedeutet 1ab)

Steht vor einer Variablen kein Koeffizient, denkt man sich als Koeffizient die Zahl 1. Weggelassen wird in der Regel auch jeweils der Malpunkt zwischen dem Koeffizienten und der zugehörigen Variablen. Auch den jeweiligen Malpunkt muss man sich denken.

<u>Zwei Beispiele</u>: 10a bedeutet 10 • a

6cd bedeutet 6 • c • d

Steht zum Beispiel x • 5, schreibt man einfach 5x.

<u>Aufgabe 1</u>: *Das kann ich in eigenen Sätzen über Koeffizienten sagen:*

KOHL VERLAG Lernen mit Erfolg
Elementare Algebra
... kleinschrittig erklärt und umgesetzt – Bestell-Nr. 12 314

Addition (+) und Subtraktion (-) von Termen mit Variablen

Man addiert gleichartige Variable, indem ihre Koeffizienten zusammengezählt werden (+). Dabei wird die Benennung (z.B. a) unverändert beibehalten. Gleichartige Variable haben bekanntlich die gleiche Benennung.

<u>Drei Beispiele</u>:

$$2a + 3a = 5a$$

$$8xy + 11xy = 19xy$$

$$9b + 10b + b = 20b$$

Kommen zudem alleinstehende Zahlen vor, so werden diese ebenfalls miteinander addiert.

<u>Drei Beispiele</u>:

$$4a + 5a + 6 + 8 = 9a + 14$$

$$12d + 10 + 15 + 3d = 15d + 25$$

$$5x + 11 + 14 + x + 23x + 5 = 29\,x + 30$$

Es ist egal, in welcher Reihenfolge addiert wird.

<u>Beispiel</u>: $4b + 6b + 7 + 8 = 10b + 15 = 15 + 10b$

Ungleichartige Variable – also Variable mit verschiedenen Benennungen – dürfen nicht (weiter) zusammengeführt werden.

<u>Drei Beispiele</u>:

$$a + b + c = a + b + c$$

$$3ab + 2ac + 4bc = 3ab + 2ac + 4bc$$

$$5xyz + 4abc + 6def = 5xyz + 4abc + 6def$$

<u>Aufgabe 1</u>:

a) $7b + 5b + 6b =$ ______________________

b) $11a + a + 10a =$ ______________________

c) $6c + 9 + 14 + 13c =$ ______________________

d) $8d + 16 + 16d + 8 =$ ______________________

e) $15ab + ab + 24 + 15 + ab =$ ______________________

f) $16abc + 4a + 6a + 11b =$ ______________________

g) $14def + 2def + 21 + 3def + 15 =$ ______________________

h) $31ab + 23 + 15ab + 6a + 7a =$ ______________________

i) $13 + 17 + 17a + 13b + 11c =$ ______________________

j) $2{,}5x + 4x + 1{,}5xy + 18 + 4{,}5xy =$ ______________________

Elementare Algebra
... kleinschrittig erklärt und umgesetzt – Bestell-Nr. 12 314
KOHL VERLAG

Addition (+) und Subtraktion (-) von Termen mit Variablen

Gleichartige Variable lassen sich auch subtrahieren, wobei ihre Koeffizienten subtrahiert werden. Die Benennung (z. B. a) bleibt unverändert gleich.

Drei Beispiele:

$7a - 4a = 3a$

$14ab - 9ab = 5ab$

$8xy - 12xy = -4xy$

Zudem ist (selbstverständlich) die Subtraktion alleinstehender Zahlen möglich.

Drei Beispiele:

$17b - 2b + 14 - 11 = 15b + 3$

$21c + 19 - 13 - 15c = 6c + 6$

$23cd - 16 + 17 - 25cd = 1 - 2cd$

Im Gegensatz dazu darf man ungleichartige Variable – also Variable mit verschiedenen Benennungen – nicht (weiter) subtrahieren.

Drei Beispiele:

$a - b - c = a - b - c$

$5cd - 3ce - cf = 5cd - 3ce - cf$

$9uvw - 2vwx - 8xyz = 9uvw - 2vwx - 8xyz$

Aufgabe 1: *Berechne:*

a) $16a - 2a - 3a =$ ________________

b) $19ab - ab - 5ab =$ ________________

c) $21cd - 16 - 7cd =$ ________________

d) $28a + 9 + 18 - 27a =$ ________________

e) $15xy - 12 - 13 - xy =$ ________________

f) $31b - 18 + 17 - 32b =$ ________________

g) $17a - 16b + 15b =$ ________________

h) $35c - 19c - b - 8 + 7 =$ ________________

i) $38yz - 16a + 19a - 35yz - 5 =$ ________________

j) $24 - 27 + 16b - 24b - b =$ ________________

k) $14a - a - a + 8b - 10c =$ ________________

l) $18 - 20 + 4a - 7a + 12b =$ ________________

m) $23ef - 27ef + ef - 19 - 28 =$ ________________

n) $14{,}5c - 13{,}5b - b - 16{,}5c + 4 =$ ________________

o) $7\frac{1}{2}a - 8{,}5a + 13 - 9{,}5a - 9b =$ ________________

Addition und Subtraktion gleichartiger Variablen

Gleichartige Variable lassen sich zusammenfassen, auch alleinstehende Zahlen werden zusammengezählt.

Drei Beispiele: $a + 5a - 2a = 4a$

$4b + 18 - 6 - 3b - b = 12$

$13ab - 9 + 7ab - b - 3 = 20ab - b - 12$

Aufgabe 1:

a) $3a + 8a - 4a =$ ________________

b) $9b - 5b + 4 - 3 =$ ________________

c) $11c + 5 - 3 - 6c =$ ________________

d) $13c - c + 2c - 7 + 9 =$ ________________

e) $15d - 8d - 7d + 12 - 11 =$ ________________

f) $16d - 12 + 11 - d - 15d =$ ________________

g) $18 - 20 + 19d - 4d - 16d =$ ________________

h) $21e - 20 - 19e + 18 - 17 =$ ________________

i) $22e - 23 - 24 + 25e - 26e =$ ________________

j) $25f - 16f - 4f - 6f - 2 - 6 =$ ________________

k) $19x + 7xy - 24x + 16 - 26 - 3xy =$ ________________

l) $18x - 17y - 16z + 9 - 12 + 6 =$ ________________

m) $24y - 18y + 16x - 13 - 12 + 17y =$ ________________

n) $16xy - 2y - 3z + 4xy + y + 4z =$ ________________

o) $18 + 14x - 14xy + 8x - 23x - 19 =$ ________________

p) $15xy + 4xz - 3xyz - 3xy + 2xyz =$ ________________

q) $21 + xyz - 2xy + 4xz - 4xyz + xy =$ ________________

r) $16xyz - 18xyz + 4yz - 5xz + 13 =$ ________________

s) $23x - 24y - 25z + 26 - 27 + 28x - 29y =$ ________________

t) $32x - 31yz + 32zy - 33x + 34yz + 35 =$ ________________

Multiplikation (•) und Division (:) von Termen mit Variablen

Multiplikation einer alleinstehenden Zahl mit einem Termprodukt:

Die alleinstehende Zahl wird mit dem Koeffizienten malgenommen. Hinter dem Ergebnis schreibt man die Variable(n).

Drei Beispiele:

$6 \cdot 7a = 6 \cdot 7 \cdot a = 42a$

$12b \cdot 5 = 12 \cdot 5 \cdot b = 60b$

$15xy \cdot 6 = 15 \cdot 6 \cdot xy = 90xy$

Multiplikation zweier Termprodukte:

Die Koeffizienten der Terme werden miteinander multipliziert. Hinter dem Ergebnis notiert man die Variablen alphabetisch geordnet.

Drei Beispiele:

$2a \cdot 4b = 2 \cdot 4 \cdot a \cdot b = 8ab$

$5b \cdot 7a = 5 \cdot 7 \cdot b \cdot a = 35ab$

$(-3z) \cdot 25xy = (-3) \cdot 25 \cdot z \cdot xy = -75xyz$

<u>Aufgabe 1</u>:

a) $9 \cdot 8b =$ ______________________

b) $11a \cdot 6 =$ ______________________

c) $8xy \cdot 12 =$ ______________________

d) $\frac{1}{2} \cdot 24c =$ ______________________

e) $36d \cdot 0{,}25 =$ ______________________

f) $7a \cdot 8b =$ ______________________

g) $9b \cdot 13a =$ ______________________

h) $11ab \cdot 6c =$ ______________________

i) $\frac{1}{2}a \cdot 32b =$ ______________________

j) $48d \cdot 0{,}5\,bc =$ ______________________

k) $4b \cdot (-5a) =$ ______________________

l) $(-3b) \cdot (-17a) =$ ______________________

m) $(-9ab) \cdot 12c =$ ______________________

n) $16cd \cdot (-0{,}25ab) =$ ______________________

o) $(-45bc) \cdot (-\frac{1}{5}ad) =$ ______________________

Elementare Algebra ... kleinschrittig erklärt und umgesetzt – Bestell-Nr. 12 314

Multiplikation (•) und Division (:) von Termen mit Variablen

Division eines Termprodukts durch eine alleinstehende Zahl:

Der Koeffizient des Termprodukts wird durch die alleinstehende Zahl geteilt. Hinter dem Ergebnis schreibt man die Variable(n).

Drei Beispiele:

$28a : 7 = 28 : 7 \cdot a = 4a$

$42bc : 6 = 42 : 6 \cdot bc = 7bc$

$(-52cd) : 4 = (-52) : 4 \cdot cd = (-13cd)$

Division eines Termprodukts durch ein anderes Termprodukt:

Die beiden Termprodukte werden als Bruch geschrieben. Danach erfolgt – sofern möglich – das Kürzen von Zähler und Nenner. Falls möglich, werden Zahlen zuerst gekürzt. Man kann gleiche Variable kürzen, wenn sie im Zähler und auch im Nenner vorhanden sind.

Drei Beispiele:

$18a : 6a = \frac{18a}{6a} = 3 \cdot \frac{a}{a} = 3 \cdot 1 = 3$

$35ab : 7b = \frac{35 \cdot a \cdot b}{7 \cdot b} = 5 \cdot \frac{a \cdot b}{b} = 5a$

$56xyz : 8z = \frac{56xyz}{8z} = 7 \cdot \frac{xyz}{z} = 7xy$

Aufgabe 2:

a) $25b : 5 =$ ____________________

b) $32ab : 4 =$ ____________________

c) $72abc : 8 =$ ____________________

d) $96a : (-6) =$ ____________________

e) $76ab : 19a =$ ____________________

f) $102ab : 17cd =$ ____________________

g) $126abc : 18a =$ ____________________

h) $143xy : 11xyz =$ ____________________

i) $(-165cd) : (-15d) =$ ____________________

j) $168x : (-12xy) =$ ____________________

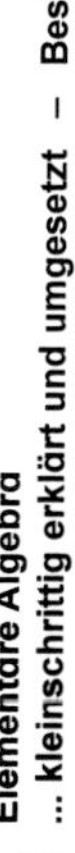

Punkt- und Strichrechnung mit Termen

Bedenke:

Die Punktrechnung (= Multiplikation und Division) hat Vorrang vor der Strichrechnung
(= Addition und Subtraktion), muss also zuerst durchgeführt werden.

Beachte auch:

Nur Gleichartiges (= gleichartige Variable, einzelne Zahlen) dürfen zusammengefasst werden.

Drei Beispiele:

$a + 2 \cdot b - b = a + 2b - b = a + b$

$21cd + 6 \cdot 3 - 7c \cdot 2d = 21cd + 18 - 14cd = 7cd + 18$

$-9 + 7 \cdot 3a + 56b : 8b + 10 = -9 + 21a + 7 + 10 = 21a + 8$

Aufgabe 1:

a) $4 \cdot a + 3 \cdot b$ ____________________

b) $5 + 2 \cdot 5b - 4 \cdot 3a$ ____________________

c) $12b : 3 + 5b - 5 \cdot 4a$ ____________________

d) $15c : 15 - 14 + 15$ ____________________

e) $42c : 6c + d \cdot 7 + 5$ ____________________

f) $4cd + 2 \cdot 3cd + 8 - 9cd$ ____________________

g) $16ab - 2 \cdot bc + 16a : 4 - 2 \cdot 3$ ____________________

h) $18x - 2 \cdot 3y - 6xy + 3x \cdot 2y$ ____________________

i) $24xy - 3y \cdot 6x + 5 \cdot 2x - 8 \cdot y$ ____________________

j) $16x + 17 \cdot y + 18 - 19 + 28x : 7$ ____________________

k) $-19 + 12x \cdot y + 36xy : 9x - 3$ ____________________

l) $-4y \cdot 9x + 25xy : 5 - 5x + 9 \cdot 2y$ ____________________

m) $32xy - 29y \cdot x + 27xy : 3y - 3 \cdot 4x$ ____________________

n) $36xyz : 6xy - 11 \cdot 2x + 11 - 6x + 13$ ____________________

o) $45xyz : 9yz - 8 \cdot 3z + 9 \cdot 3x - 8x : 4$ ____________________

KOHL VERLAG Lernen mit Erfolg
Elementare Algebra
... kleinschrittig erklärt und umgesetzt – Bestell-Nr. 12 314

Welcher Term entspricht welcher Vereinfachung?

Aufgabe 1: *Notiere, welches unten auf der Seite genannte Ergebnis zu welcher der nachfolgenden 20 Aufgaben gehört.*

a) $a + a + a =$ ____________________

b) $a + b + a + b =$ ____________________

c) $2b - b =$ ____________________

d) $5b - 2b =$ ____________________

e) $a - b + a - b =$ ____________________

f) $a + b - a - b =$ ____________________

g) $a + 2b - b =$ ____________________

h) $a - 2a =$ ____________________

i) $a \cdot b =$ ____________________

j) $2a \cdot 2 =$ ____________________

k) $2a \cdot 2b =$ ____________________

l) $2a \cdot 3{,}5b =$ ____________________

m) $6a : 3 =$ ____________________

n) $6a : 3a =$ ____________________

o) $5b : 2 =$ ____________________

p) $b : b =$ ____________________

q) $8ab : 4 =$ ____________________

r) $8ab : 2a =$ ____________________

s) $8ab : 2ba =$ ____________________

t) $4a : 2b =$ ____________________

Die Ergebnisse (ungeordnet):

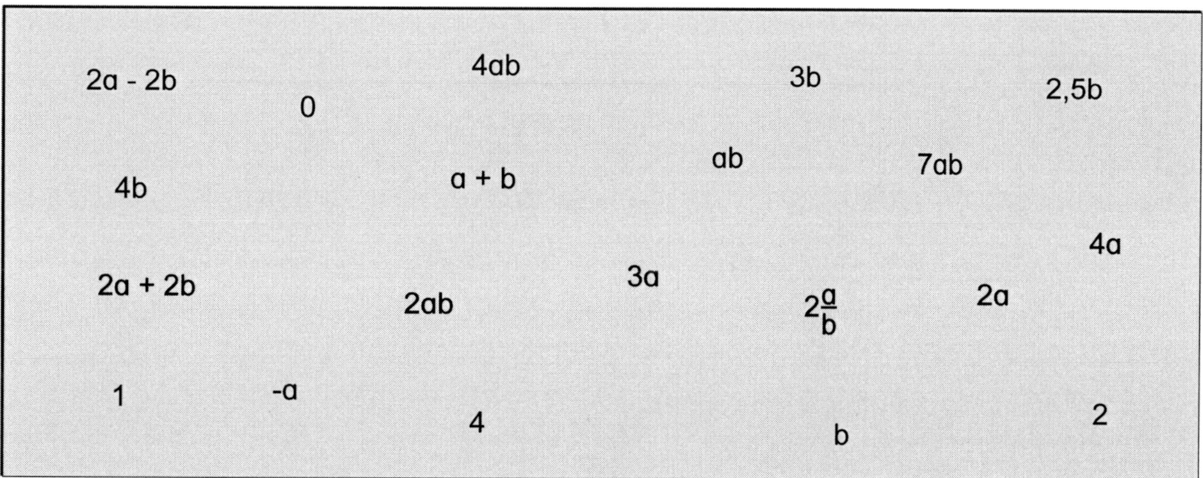

KOHL VERLAG
Elementare Algebra ... kleinschrittig erklärt und umgesetzt – Bestell-Nr. 12 314

Rechnen mit negativen Zahlen

Das Rechnen mit negativen Zahlen (= Minuszahlen) lässt sich einführend am besten verdeutlichen und verstehen am Zahlenstrahl, der auf der linken Seite die negativen Zahlen und auf der rechten Seite die positiven Zahlen aufweist:

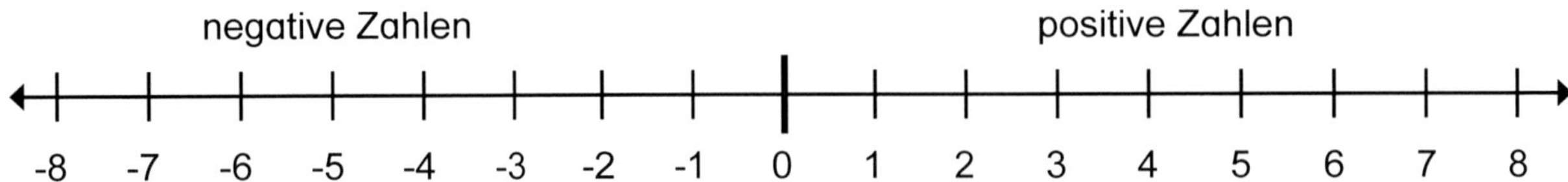

Bei der Addition (+) geht man von der jeweiligen Ausgangszahl nach rechts, bei der Subtraktion (-) nach links.

Negative Zahlen lassen sich gut veranschaulichen als finanzielle Schulden.

Beim Rechnen mit negativen Zahlen gilt es unbedingt die Vorzeichenregeln zu beachten:

1.

+ (+ ...) = + ... - (- ...) = + ...	Wenn zwei gleiche Vorzeichen direkt nebeneinander stehen, werden sie zu plus (+).
+ (- ...) = - ... - (+ ...) = - ...	Stehen dagegen zwei ungleiche Vorzeichen direkt nebeneinander, werden sie zu minus (-).

2. Multiplikation

(+ ...) • (+ ...) = + ... (- ...) • (- ...) = + ...	Bei der Multiplikation von zwei Faktoren mit gleichen Vorzeichen ist das Ergebnis positiv (+).
(+ ...) • (- ...) = - ... (- ...) • (+ ...) = - ...	Multipliziert man zwei Zahlen, die ungleiche Vorzeichen haben, ist das Ergebnis negativ (-).

3. Division

(+ ...) : (+ ...) = + ... (- ...) : (- ...) = + ...	Bei der Division von zwei Operanden mit gleichen Vorzeichen ist das Ergebnis positiv (+).
(+ ...) : (- ...) = - ... (- ...) : (+ ...) = - ...	Dividiert man zwei Zahlen, die ungleiche Vorzeichen haben, ist das Ergebnis negativ (-).

<u>Hinweis</u>:

Als Faktoren bezeichnet man das, was miteinander malgenommen wird.

factor (lat.) = Macher; jemand, der etwas tut.
operatio (lat.) = Arbeit, Wirken

Rechnen mit negativen Zahlen

Wende die auf der vorherigen Seite genannten Vorzeichenregeln an.

<u>Drei Beispiele</u>:

$+(-a) + (-a) = -a - a = -2a$

$(-a) \cdot (-b) = ab$

$(+4b) : (-2b) = -2$

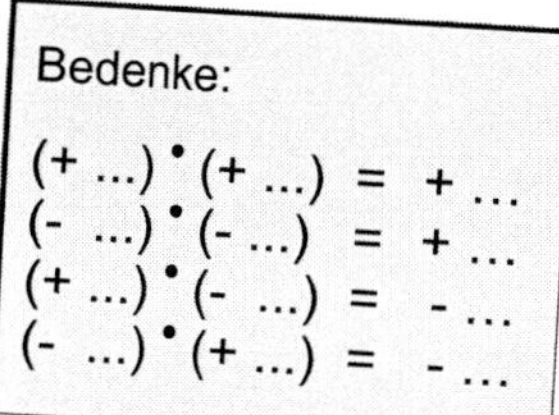
Bedenke:

(+ ...) • (+ ...) = + ...
(- ...) • (- ...) = + ...
(+ ...) • (- ...) = - ...
(- ...) • (+ ...) = - ...

<u>Aufgabe 1</u>: *Berechne.*

a) $+(-a) + 2a =$ ____________________

b) $a - (-4a) =$ ____________________

c) $-(+b) + b =$ ____________________

d) $+(-5b) - (+4b) =$ ____________________

e) $-(-6c) - (-4c) =$ ____________________

f) $-5c - (+6c) =$ ____________________

g) $-(-d) + (-d) - (+d) =$ ____________________

h) $+(-8d) - (+5d) - (-15d) =$ ____________________

i) $+(-9x) + (-3x) - (+14x) =$ ____________________

j) $10x - (-3x) + (-6x) =$ ____________________

k) $3x \cdot (-6) =$ ____________________

l) $-4x \cdot (-3y) =$ ____________________

m) $(-8y) \cdot (+2x) =$ ____________________

n) $(+x) \cdot (-y) \cdot (-4) =$ ____________________

o) $(-5) \cdot (+4x) \cdot (-2y) =$ ____________________

p) $16xy : (-4) =$ ____________________

q) $(-21x) : (-7) =$ ____________________

r) $36x : (-6x) =$ ____________________

s) $(-28xy) : (-4xy) =$ ____________________

t) $(-42yx) : (-7x) =$ ____________________

Lücken in Termen ergänzen

Ergänze Fehlendes, sodass die Rechnungen stimmen.

Drei Beispiele:

a ______ = 2a (↑ +a)   2b ______ = b (↑ -b)   3c ______ = 6cd (↑ ·2d)

Aufgabe 1:

a) 2a __________ = 5a

b) -3a __________ = 3a

c) 7b __________ = b

d) -4b __________ = -6b

e) 5ab __________ = -5ab

f) 8 __________ = 16a

g) 9a __________ = 18ab

h) -3 __________ = -12a

i) 5a __________ = 20ab

j) -7b __________ = 21ab

k) 15ab __________ = 3a

l) 9ab __________ = -3a

m) -18ab __________ = -6b

n) 24abc __________ = -4b

o) -28abc __________ = 7bc

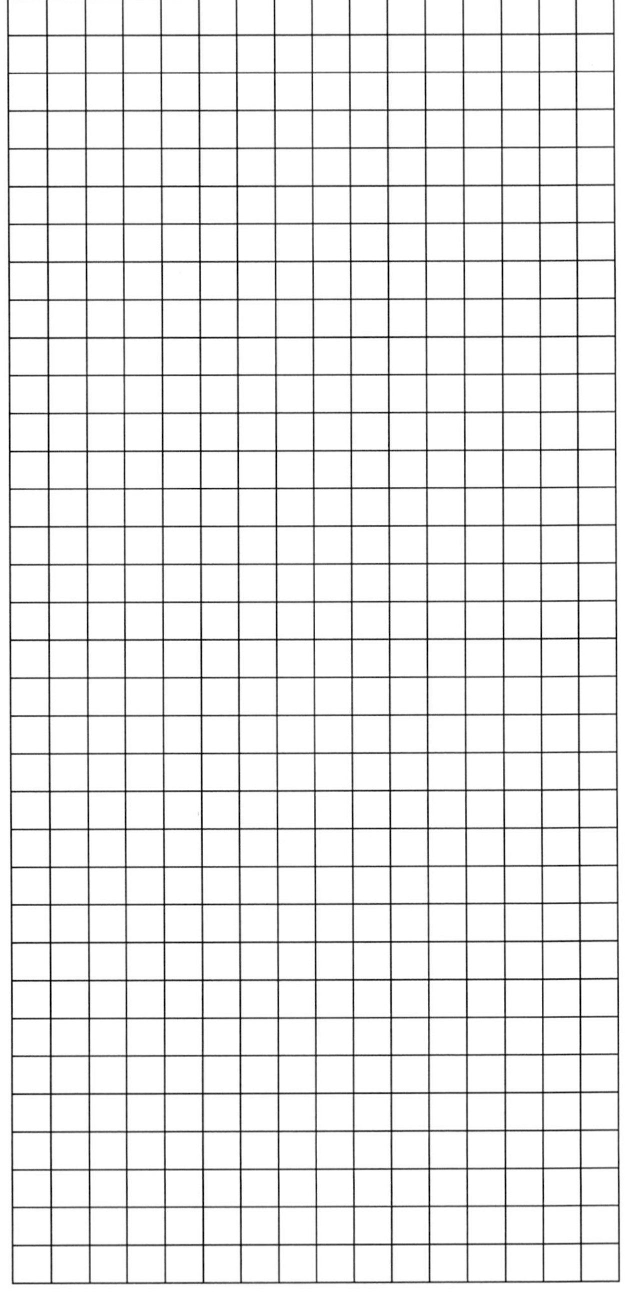

KOHL VERLAG Elementare Algebra ... kleinschrittig erklärt und umgesetzt – Bestell-Nr. 12 314

Aufstellen von Termen mit Variablen

<u>Drei Beispiele</u>:

Eine Zahl addiert mit 2	⟶	Term: $x + 2$
4 subtrahiert vom Fünffachen einer Zahl	⟶	Term: $5x - 4$
Das 12-fache einer Zahl dividiert durch 3	⟶	Term: $12x : 3 = 4x$

<u>Aufgabe 1</u>: Stelle zu den anschließend vorgegebenen Kurztexten jeweils den entsprechenden Term mit der Variablen x auf.

		Terme:
a)	eine Zahl addiert mit 6	________________
b)	7 subtrahiert von einer Zahl	________________
c)	das Vierfache einer Zahl	________________
d)	das Zweifache einer Zahl addiert mit 3	________________
e)	8 subtrahiert vom Sechsfachen einer Zahl	________________
f)	eine Zahl dividiert durch 2	________________
g)	die Hälfte einer Zahl addiert mit 5	________________
h)	6 subtrahiert vom Viertel einer Zahl	________________
i)	3 mehr als das Fünffache einer Zahl	________________
j)	4 weniger als das Dreifache einer Zahl	________________
k)	5 mehr als ein Drittel einer Zahl	________________
l)	8 weniger als ein Fünftel einer Zahl	________________
m)	die Summe von einer Zahl und 7	________________
n)	die Differenz zwischen einer Zahl und 9	________________
o)	das Produkt von einer Zahl mit 12	________________
p)	der Quotient einer Zahl durch 8	________________
q)	das Achtzehnfache einer Zahl dividiert durch 3	________________
r)	die Summe des Zweifachen und Dreifachen einer Zahl	________________
s)	die Differenz zwischen dem Neunfachen und Fünffachen einer Zahl	________________
t)	der Quotient aus dem Fünfzehnfachen einer Zahl und 5	________________

Elementare Algebra
... kleinschrittig erklärt und umgesetzt – Bestell-Nr. 12 314

Textaufgaben zum Thema Terme mit Variablen

Stelle zu den folgenden Texten jeweils einen Term auf. Berechne dann mit dem Term, was gefragt ist. Schreibe schließlich immer einen Antwortsatz. Wähle als Variable stets den Buchstaben x.

Aufgabe 1: *Am Vormittag wurden in einem Geschäft 2 Kopfhörer verkauft, am Nachmittag waren es 3 Kopfhörer. Wie viele Einnahmen wurden zusammen erziehlt, wenn jeder Kopfhörer 39 Euro kostet?*

Rechnung:

Antwortsatz: ______________________________

____

Aufgabe 2: *Eine Aushilfe arbeitet am ersten Tag 6,5 Stunden, am zweiten Tag 8,5 Stunden. Der Stundenlohn betrug 9,50 Euro. Wie viel Geld verdiente die Aushilfe durch die zweitägige Arbeit?*

Rechnung:

Antwortsatz: ______________________________

____

Aufgabe 3: *Die Aufnahmegebühr eines Sportvereins beträgt 40 Euro für eine erwachsene Person, der monatliche Beitrag 18 Euro. Welchen Beitrag hat ein Erwachsener für die einjährige Mitgliedschaft im Verein zu zahlen?*

Rechnung:

Antwortsatz: ______________________________

____

Aufgabe 4: *Ein Monteur verlangt für die Anfahrt 30 Euro und für jede Stunde Arbeit 50 Euro. Wie hoch sind die Kosten bei einer Arbeitszeit von 4,75 Stunden?*

Rechnung:

Antwortsatz: ______________________________

____

KOHL VERLAG Lernen mit Erfolg
Elementare Algebra ... kleinschrittig erklärt und umgesetzt – Bestell-Nr. 12 314

Textaufgaben zum Thema Terme mit Variablen

Stelle zu den folgenden Texten jeweils einen Term auf. Berechne dann mit dem Term, was gefragt ist. Schreibe schließlich immer einen Antwortsatz. Wähle als Variable die Buchstaben a und b und – falls erforderlich – die Buchstaben c und d.

Aufgabe 5: *Für einen Sieg bekommt jede Mannschaft im Handball 2 Punkte, für ein Unentschieden 1 Punkt, bei einer Niederlage keinen Punkt. Wie viele Punkte weist eine Mannschaft auf, die bisher 4 Spiele gewonnen, 25 Spiele verloren und 1 Spiel unentschieden gespielt hat?*

Rechnung:

Antwortsatz: ______________________________

____

Aufgabe 6: *Im Fussballsport gibt es für einen Sieg 3 Punkte, für ein Unentschieden 1 Punkt sowie bei einer Niederlage keinen Punkt. Wie viele Punkte hat ein Team erzielt, das 9-mal gewonnen, 4-mal unentschieden gespielt und 3 Spiele verloren hat?*

Rechnung:

Antwortsatz: ______________________________

____

Aufgabe 7: *Ein Sportjournalist wertet nach den Olympischen Spielen das Abschneiden der teilnehmenden Nationen aus. Für den Gewinn einer Goldmedaille vergibt er 3 Punkte, für eine Silbermedaille 2 Punkte sowie für eine Bronzemedaille 1 Punkt. Wie viele Punkte bekommt demnach eine Nation, die 5 Goldmedaillen, 6 Silbermedaillen und 9 Bronzemedaillen gewonnen hat?*

Rechnung:

Antwortsatz: ______________________________

____

Aufgabe 8: *Diesmal wertet der Sportjournalist das Abschneiden bei den bisher ausgetragenen Fußball-Weltmeisterschaften (Herren) aus. Für den Gewinn der Weltmeisterschaft rechnet er 4 Punkte an, für einen 2. Platz 3 Punkte, für einen 3. Platz 2 Punkte sowie für einen 4. Platz 1 Punkt. Wie viele Punkte hat folglich ein Land, das 4-mal Fußballweltmeister geworden ist, 4-mal den 2. Platz, 4-mal den 3. Platz sowie 1-mal den 4. Platz belegt hat?*

Rechnung:

Antwortsatz: ______________________________

____

KOHL VERLAG Elementare Algebra ... kleinschrittig erklärt und umgesetzt – Bestell-Nr. 12 314

Textaufgaben zum Thema Terme mit Variablen

Stelle zu den folgenden Texten jeweils einen Term auf. Berechne dann mit dem Term die gefragten Kosten. Schreibe schließlich immer einen Antwortsatz. Wähle als Variable den Buchstaben x und – falls erforderlich – außerdem y sowie z.

Aufgabe 9: *Die Grundgebühr für eine Taxifahrt beträgt 3,50 Euro. Für jeden gefahrenen Kilometer (bis 10 km) sind 1,50 Euro zu zahlen. Wie viel Geld muss man für eine 8 km lange Fahrt bezahlen?*

Rechnung:

Antwortsatz: ______________________________

____

Aufgabe 10: *Je Tag kostet eine Ferienwohnung 65 Euro. Außerdem sind für die Endreinigung einmalig 50 Euro zu bezahlen. Berechne die Gesamtkosten für die 14-tägige Nutzung der Ferienwohnung.*

Rechnung:

Antwortsatz: ______________________________

____

Aufgabe 11: *Für einen Erwachsenen kostet der Besuch eines Museums 7 Euro, für ein Kind 2,50 Euro. Wie teuer ist der Besuch des Museums für zusammen 3 Erwachsene und 23 Kinder?*

Rechnung:

Antwortsatz: ______________________________

____

Aufgabe 12: *Die Preise für Brötchen in einem Geschäft: 1 Brötchen der Sorte A = 0,25 Euro; 1 Brötchen der Sorte B = 0,35 Euro; 1 Brötchen der Sorte C = 0,45 Euro. Was hat ein Kunde für insgesamt 5 Brötchen der Sorte C, 3 Brötchen der Sorte B sowie 2 Brötchen der Sorte A zu bezahlen?*

Rechnung:

Antwortsatz: ______________________________

____

Elementare Algebra ... kleinschrittig erklärt und umgesetzt – Bestell-Nr. 12 314

Test/Arbeit I (Thema: Terme mit Variablen)

Name: ______________________________ **Datum**: ____________

1. Erkläre kurz, was der folgende Merkspruch aussagt: Punkt vor Strich, die Klammer (aber) sagt: „Zuerst komme ich."

____

2. Was besagt das Kommutativgesetz, was das Assoziativgesetz?

____

3. Erläutere:

a) Was sind Terme? ________________________________

b) Was sind Variable? ________________________________

c) Was sind Koeffizienten? ________________________________

4. Berechne:

a) 5a + 3a + a =

b) 2b + 7 + 9b + 5 =

c) 16x - 13y +12y + 4x =

d) 21xy + 24x - 19y +23y - 26x + 22xy =

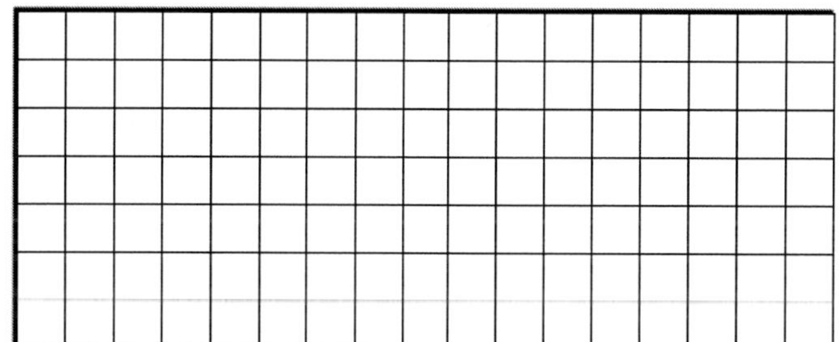

5. Berechne:

a) 4a • 5b =

b) -9a • 6b =

c) 56xy : 7x =

d) 68xy : (-4xy) =

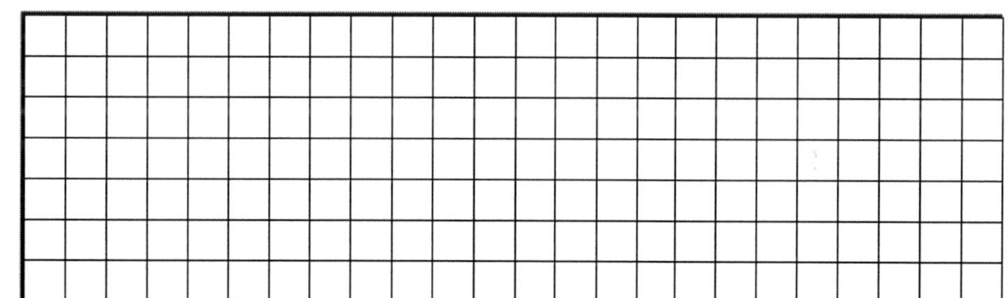

6. Berechne:

a) 14 + 6 • 7a - 5 • 9a =

b) 19 - 8a • 5b + 16 • 3a =

c) 24xy : (-6x) +13 - 12 + 8 • 3y =

d) 36x • (-2y) - 19x + 48 : (-6) + 5 • 6y =

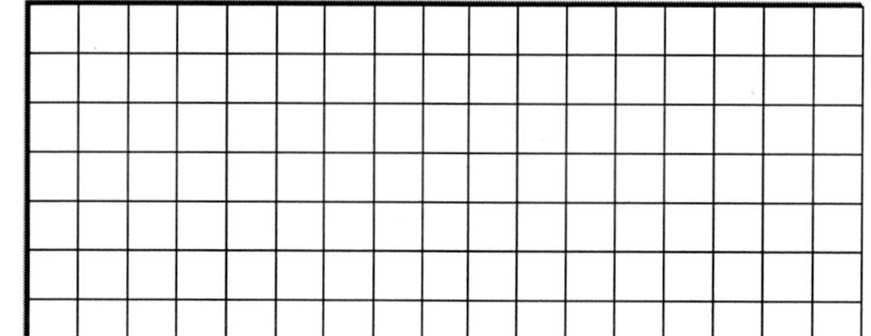

7. Berechne:

a) a - (-6a) =

b) -3b + (-13b) =

c) -7y • 16x =

d) -108x : (-12) =

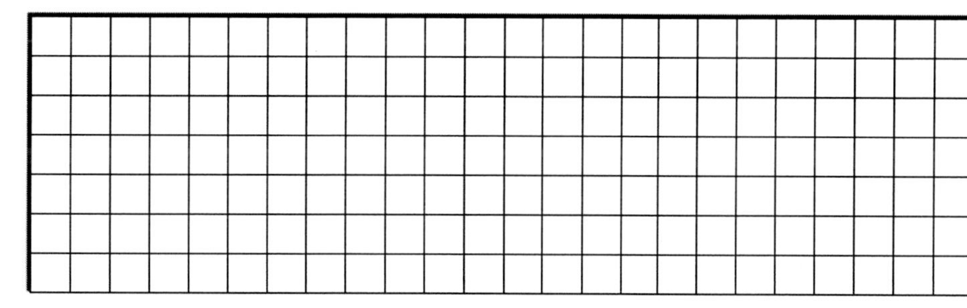

Elementare Algebra ... kleinschrittig erklärt und umgesetzt – Bestell-Nr. 12 314
KOHL VERLAG

Test/Arbeit I (Thema: Terme mit Variablen)

Name: ______________________________ **Datum**: ____________

8. Ergänze:

a) 4a ______ = 11a

b) ______ - 8b = 15b

c) 8x ______ = -24xy

d) ______ : (-7y) = 5x

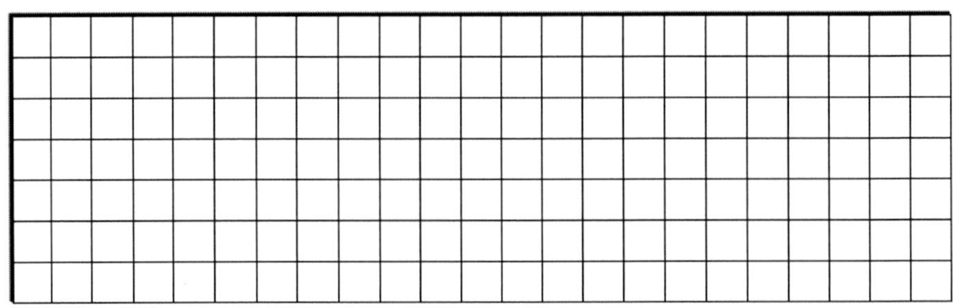

9. Stelle zu den anschließend vorgegebenen Kurztexten jeweils den entsprechenden Term mit der Variablen x auf.

Terme:

a) eine Zahl addiert mit 14 ____________________

b) die Differenz zwischen einer Zahl und 21 ____________________

c) 16 subtrahiert vom Dreifachen einer Zahl ____________________

d) der Quotient einer Zahl geteilt durch 8 ____________________

10. Stelle zu den beiden folgenden Texten jeweils einen Term auf. Berechne mit dem Term dann, was gefragt ist. Schreibe schließlich einen kurzen Antwortsatz.

a) Ein Jugendlicher hat sich vorgenommen, abends zu joggen. Am ersten Tag joggt er 1 km. An den folgenden Tagen läuft er jeweils 0,5 km mehr als am vorherigen Tag. Wie viele km legt der Jugendliche am 8. Tag zurück?

Term:

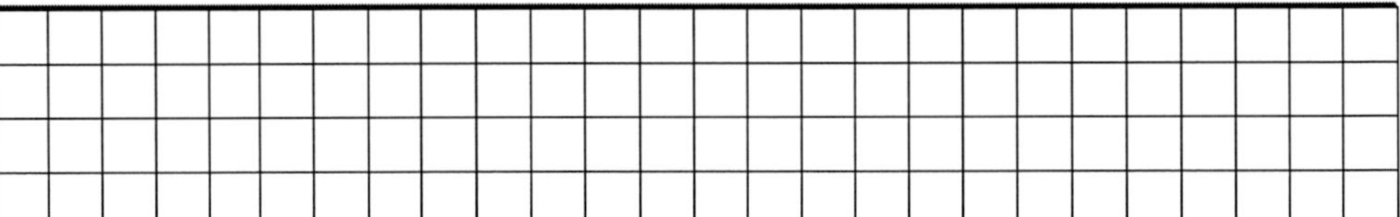

Antwortsatz: ____

____

b) In einem Geschäft kostet 1 kg Butter 1,69 Euro. Für 1 kg Margarine sind 0,89 Euro zu bezahlen. Wie viel Geld muss man insgesamt für 2 kg Butter und 3 kg Margarine bezahlen?

Term:

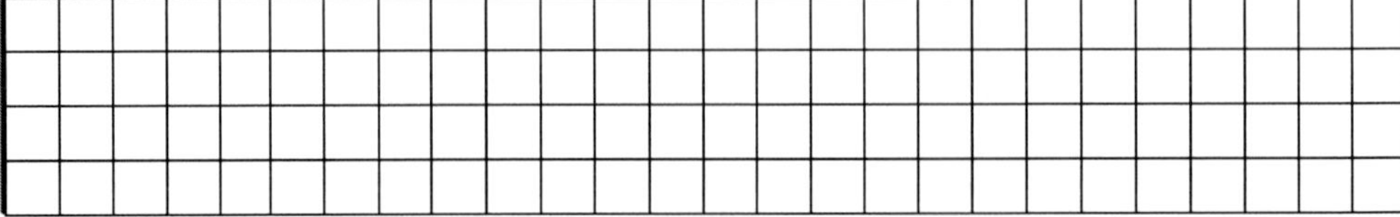

Antwortsatz:

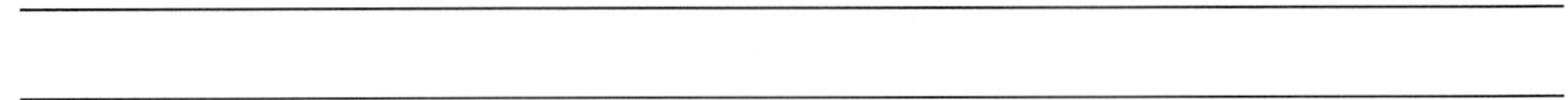

KOHL VERLAG Elementare Algebra ... kleinschrittig erklärt und umgesetzt – Bestell-Nr. 12 314

Das Distributivgesetz (= Verteilungsgesetz)

Das Distributivgesetz (= Verteilungsgesetz) besagt: Eine Summe wird mit einem Faktor multipliziert, indem man jedes Glied der Summe mit dem Faktor malnimmt:

$(a + b) \cdot c = ac + bc \qquad a \cdot (b + c) = ab + ac$

Eine Differenz wird mit einem Faktor multipliziert, indem man jedes Glied der Differenz mit dem Faktor malnimmt:

$(a - b) \cdot c = ac - bc \qquad a \cdot (b - c) = ab - ac$

distribuere (lat.) = verteilen, (logisch) ordnen

Bedenke: *Der Malpunkt wird in Mathematikbüchern bei solchen Aufgaben in der Regel weggelassen. Man muss sich den Malpunkt denken.*

Aufgabe 1: *Rechne aus.*

a) $(a + b) \cdot 7 =$ ____________________

b) $(3a + 6) \cdot 5 =$ ____________________

c) $(5b + 2a) \cdot 2 =$ ____________________

d) $3 \cdot (4 + 2b) =$ ____________________

e) $2a \cdot (4b + 6) =$ ____________________

f) $4 \cdot (7ab + 3) =$ ____________________

g) $5 \cdot (6ab + 8b) =$ ____________________

h) $(4a - 3) \cdot 5 =$ ____________________

i) $(6b - 8a) \cdot 7 =$ ____________________

j) $(7 - 3b) \cdot 4a =$ ____________________

k) $(12a - 3b) \cdot 2c =$ ____________________

l) $(6 - 2b) \cdot 3a =$ ____________________

m) $(2a - 3) \cdot 9b =$ ____________________

n) $(5 - 3c) \cdot 4ab =$ ____________________

o) $(7a - 6b) \cdot 8c =$ ____________________

Auflösen von 2 Klammern in einem Produkt

Zwei Klammern in einem Produkt werden aufgelöst, indem jedes Glied der einen Klammer mit jedem Glied der anderen Klammer multipliziert (= malgenommen) wird.

Dabei gilt es, die Vorzeichenregeln zu beachten:

(+ ...) • (+ ...) = + ...

(- ...) • (- ...) = + ...

(+ ...) • (- ...) = - ...

(- ...) • (+ ...) = - ...

Drei Beispiele für das Auflösen von 2 Klammern in einem Produkt:

$(a + 5) \cdot (b + 3) = ab + 3a + 5b + 15$
$(b - 6) \cdot (a + 7) = ab + 7b - 6a - 42$
$(2a - 3b) \cdot (5 - 4b) = 10a - 8ab - 15b + 12b^2$

Bedenke: Der Malpunkt wird in Mathematikbüchern bei solchen Aufgaben in der Regel weggelassen. Man muss sich den Malpunkt denken.

Bedenke:
(+ ...) • (+ ...) = + ...
(- ...) • (- ...) = + ...
(+ ...) • (- ...) = - ...
(- ...) • (+ ...) = - ...

Aufgabe 1: *Löse jeweils die Klammern auf.*

a) $(a + 2) \cdot (b + 3) =$ ______________________

b) $(a + 4) \cdot (b - 5) =$ ______________________

c) $(1 - a) \cdot (1 - b) =$ ______________________

d) $(2a - 6) \cdot (b + 7) =$ ______________________

e) $(3a + 8) \cdot (2a - 5) =$ ______________________

f) $(5a + b) \cdot (a + 9) =$ ______________________

g) $(6a - b) \cdot (4 + b) =$ ______________________

h) $(-x + 3) \cdot (x + 10) =$ ______________________

i) $(-2x + 5) \cdot (-x - 8) =$ ______________________

j) $(-4x - 7) \cdot (-4y + 9) =$ ______________________

KOHL VERLAG Elementare Algebra ... kleinschrittig erklärt und umgesetzt – Bestell-Nr. 12 314

Auflösen von 2 Klammern in einem Produkt

Aufgabe 2: *Kreuze an: Welche der folgenden Klammeraufgaben wurden richtig aufgelöst und richtig vereinfacht, welche nicht?*

		Richtig	Falsch
a)	$3x + 5(x + 3) = 3x + 5x + 15 = 8x + 15$		
b)	$2x + (2 - x)3 = 2x + 2 - x = x + 2$		
c)	$7x - 2(x - 4) = 7x - 2x - 8 = 5x - 8$		
d)	$(2a - 3)(3b + 6) = 6ab + 12a - 9b - 18$		
e)	$(4 - 5a)(6 - 7b) = 24 - 28b - 30a - 35ab$		
f)	$(5 + c)(4a - 8b) = 20a - 40b + 4ac - 8bc$		
g)	$7 + (a + 4)(b - 6) = 7 + ab - 6a + 4 - 24 = 7 + ab - 6a - 20$		
h)	$(b + 3)(7 - a) - 5 = 7b - ab + 21 - 3a - 5 = 7b - ab - 3a + 16$		
i)	$a + (a - 12)(b + 4) = a + ab + 4a - 12b - 48 = 5a - 12b + ab - 48$		
j)	$(5b - 11)(3a - c) - 6a = 15ab - 5bc - 33a + 11c - 6a = -27a + 15ab - 5bc + 11c$		

Aufgabe 3: *Verbessere die Klammeraufgaben, die nicht richtig aufgelöst bzw. nicht richtig vereinfacht wurden.*

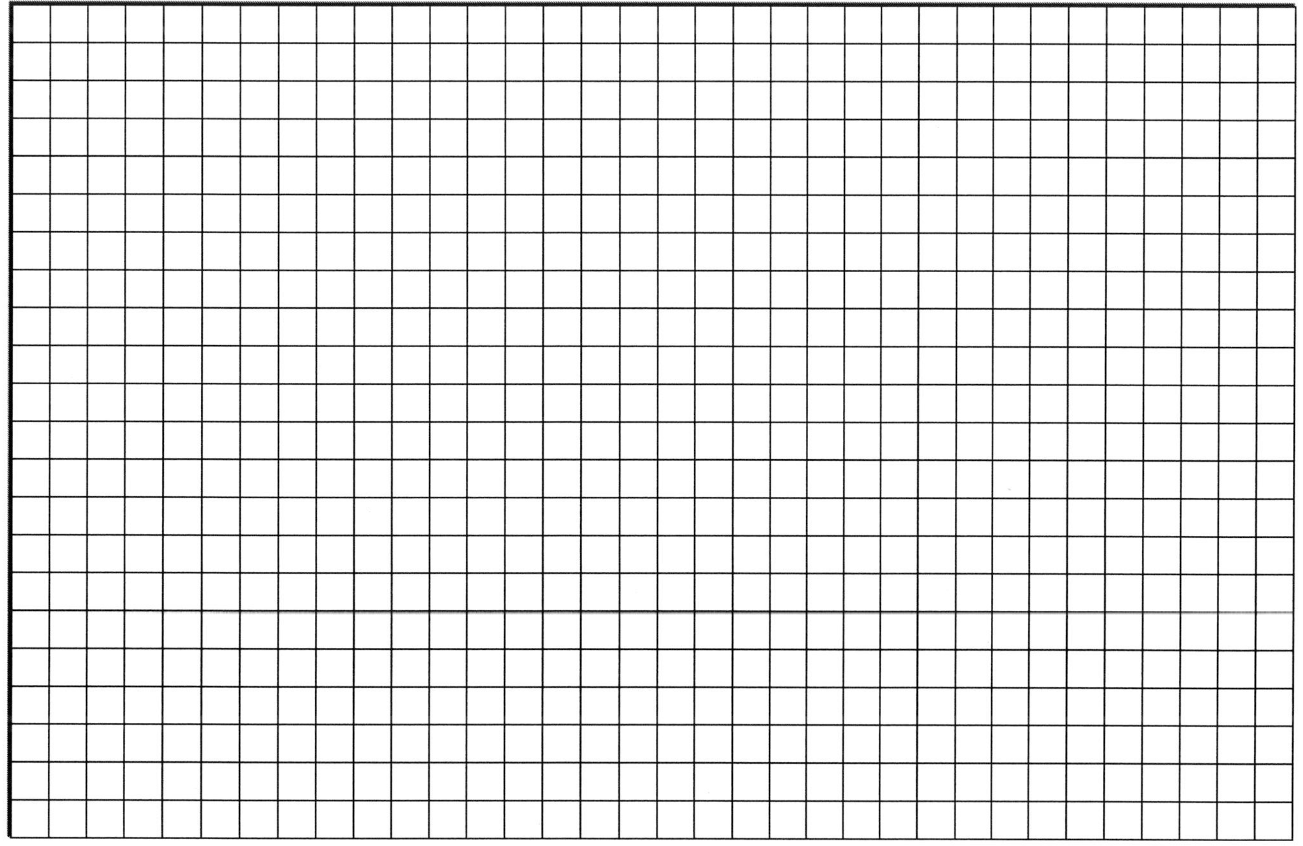

KOHL VERLAG Elementare Algebra ... kleinschrittig erklärt und umgesetzt – Bestell-Nr. 12 314

Potenzen

Im Fach Mathematik ist eine Potenz die kurze Schreibweise für das Multiplizieren (= Malnehmen) gleicher Faktoren. Als Faktoren bezeichnet man das, was miteinander malgenommen wird.

potens (lat.) = mächtig, stark, fähig

factor (lat.) = Macher; jemand, der etwas tut

Potenzen sind z. B.:

7^2 gesprochen: „7 hoch 2"; steht für: $7 \cdot 7 = 49$

2^3 gesprochen: „2 hoch 3"; steht für: $2 \cdot 2 \cdot 2 = 8$

a^2 gesprochen: „a hoch 2"; steht für: $a \cdot a = a^2$

$(a + b)^2$ gesprochen: „Klammer auf a + b Klammer zu hoch 2"; steht für : $(a + b) \cdot (a + b) = \ldots$

Basis (= Grundzahl) ⟶ 7^2 ⟵ Exponent (= Hochzahl)

Die Basis (= Grundzahl) sagt jeweils aus, was multipliziert wird. Der kleingeschriebene Exponent (= Hochzahl) gibt an, wie oft etwas multipliziert wird. Das jeweilige Ergebnis des Potenzierens nennt man (den) Potenzwert.

Achtung: Die Hochzahl 0 ergibt immer das Resultat 1.

Aufgabe 1: *Schreibe als Potenz.*

a) $3 \cdot 3 =$ ____________________

b) $4 \cdot 4 \cdot 4 =$ ____________________

c) $b \cdot b =$ ____________________

d) $a \cdot a \cdot a =$ ____________________

e) $(x + y) \cdot (x + y) =$ ____________________

Aufgabe 2: *Schreibe ausführlich, d. h. nicht als Potenz.*

a) $5^3 =$ ____________________

b) $8^4 =$ ____________________

c) $a^5 =$ ____________________

d) $(-b)^4 =$ ____________________

e) $(x - y)^2 =$ ____________________

Addition und Subtraktion von Potenzen

Potenzen und Vielfache von Potenzen dürfen nur dann addiert oder subtrahiert werden, wenn die Basen (= Grundzahlen) und auch die Exponenten (= Hochzahlen) gleich sind. Dabei werden die Basen addiert bzw. subtrahiert, der Exponent wird beibehalten (einmal).

Drei Beispiele für Potenzen mit Variablen:

$a^2 + a^2 = 2a^2$

$4a^2 - 3a^2 = a^2$

$6x^3 + 4x^3 - 7x^3 = 3x^3$

Aufgabe 1: *Löse die anschließenden Aufgaben.*

a) $2a^2 + a^2 =$ ____________________

b) $3a^2 + 4a^2 =$ ____________________

c) $5a^3 - 2a^3 =$ ____________________

d) $8b^3 + 6b^3 =$ ____________________

e) $7b^2 + 8b^2 - 9b^2 =$ ____________________

f) $9x^4 \quad x^4 + 8x^4 =$ ____________________

g) $3{,}5x^3 + 2{,}5x^3 - 5x^3 =$ ____________________

h) $15\frac{1}{2}x^5 - 12x^5 + 10x^5 =$ ____________________

i) $\frac{1}{4}x^2 + \frac{5}{4}x^2 - \frac{3}{4}x^2 =$ ____________________

j) $\frac{4}{3}x^3 - \frac{1}{2}x^3 + \frac{7}{6}x^3 =$ ____________________

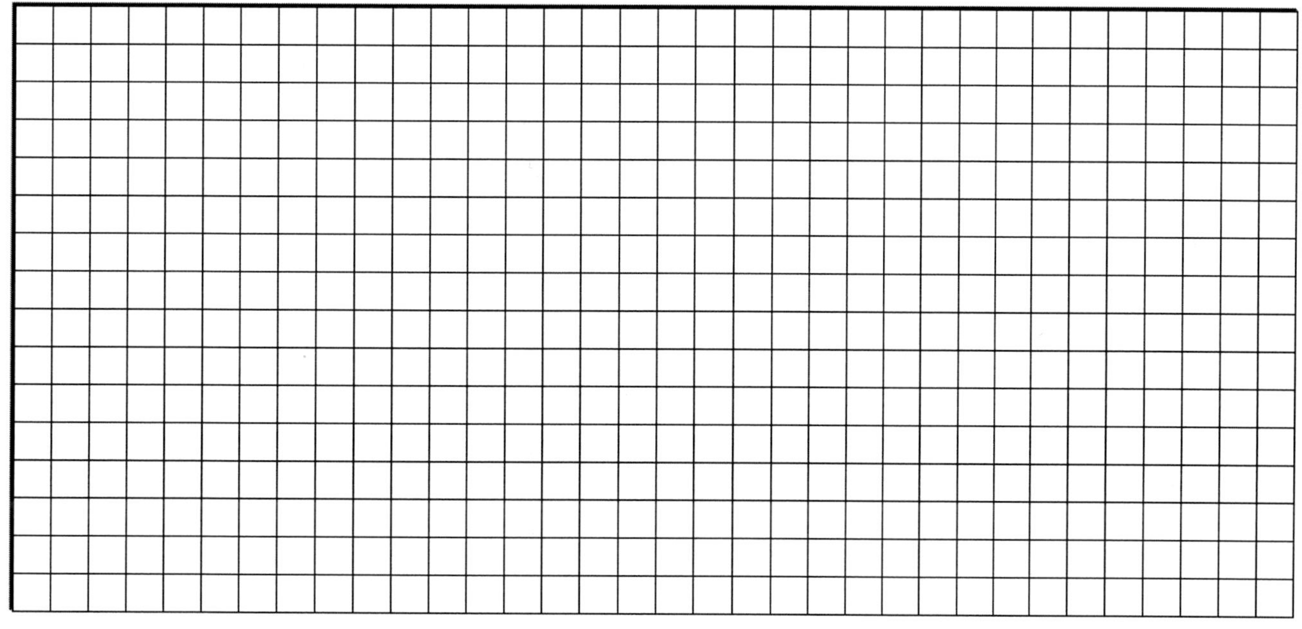

KOHL VERLAG Elementare Algebra ... kleinschrittig erklärt und umgesetzt – Bestell-Nr. 12 314

Multiplikation und Division von Potenzen mit gleicher Basis

Potenzen mit gleicher Basis (= Grundzahl) lassen sich miteinander multiplizieren. Dabei wird die gemeinsame Basis beibehalten (einmal). Die Exponenten (= Hochzahlen) werden addiert.

Drei Beispiele für Potenzen mit Variablen:

$a^2 \cdot a = a^3$

$a^3 \cdot a^2 = a^5$

$(ab)^3 \cdot (ab)^4 = (ab)^7$

Hinweis:

$a = a^1$

Potenzen mit gleicher Basis (= Grundzahl) lassen sich durcheinander dividieren. Dabei wird die gemeinsame Basis beibehalten (einmal). Die Differenz der beiden Exponenten (= Hochzahlen) wird gebildet.

Vier Beispiele für Potenzen mit Variablen:

$a^3 : a^2 = a^1 = a$

$a^6 : a^4 = a^2$

$(ab)^5 : (ab)^3 = (ab)^2$

$a^4 : a^4 = a^0 = 1$

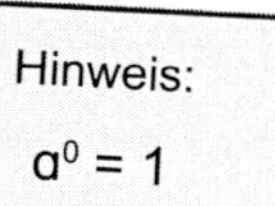

Aufgabe 1: *Löse die anschließenden Aufgaben.*

a) $a^3 \cdot a =$ ______________________

b) $a^4 \cdot a^3 =$ ______________________

c) $a^2 \cdot a^6 =$ ______________________

d) $(ab)^2 \cdot (ab)^3 =$ ______________________

e) $a^4 : a^3 =$ ______________________

f) $b^5 : b =$ ______________________

g) $b^6 : b^3 =$ ______________________

h) $(ab)^2 \cdot (ba)^2 =$ ______________________

i) $(ab)^9 : (ba)^4 =$ ______________________

j) $(ab)^6 : (ab)^6 =$ ______________________

Die 1. binomische Formel

In der Mathematik bezeichnet man einen zweigliedrigen Term als Binom.
bi (lat.) = doppelt, zwei(fach);
nomos (griech.) = Glied ...

Ein Binom setzt sich also aus 2 Teilen zusammen. Binome sind z. B.:

$$a + b,\ 2b + 3,\ y - 4$$

Multipliziert man einen zweigliedrigen Term mit demselben zweigliedrigen Term, kann man jedes Glied des ersten Terms mit jedem Glied des zweiten Terms malnehmen und dann Gleichartiges zusammenfassen:

$$(a + b)^2 = (a + b) \cdot (a + b) = a^2 + ab + ab + b^2 = a^2 + 2ab + b^2$$

Diese Rechnung lässt sich durch die sofortige Anwendung der sogenannten 1. binomischen Formel verkürzen:

$$(a + b)^2 = a^2 + 2ab + b^2$$

Die Richtigkeit dieser Formel lässt sich veranschaulichen:

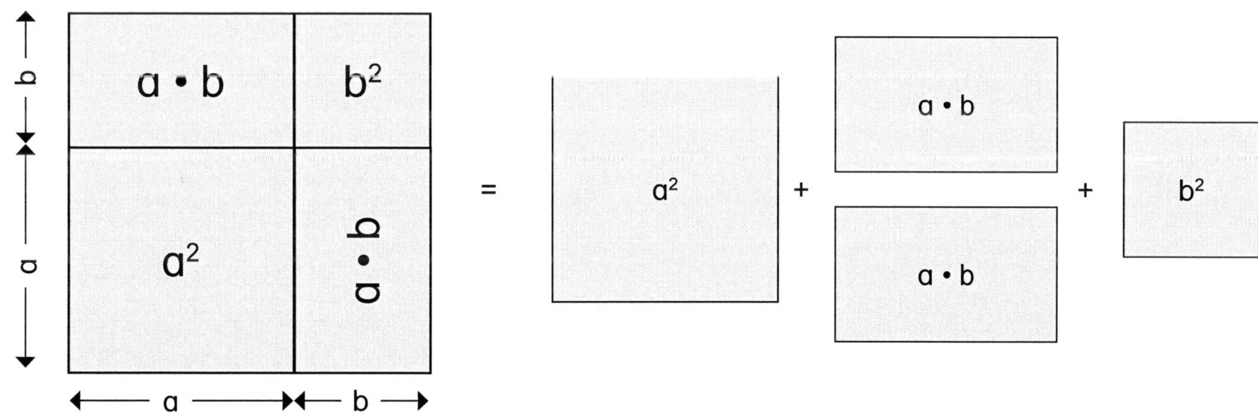

Auch durch das Rechnen mit Zahlen lässt sich die 1. binomische Formel nachvollziehen:

$a = 3cm$ $\quad$ $b = 2cm$

$(3cm + 2cm)^2 = (3cm \cdot 3cm) + 2 \cdot (3cm \cdot 2cm) + (2cm \cdot 2cm) = 9cm^2 + 2 \cdot 6cm^2 + 4cm^2 = 9cm^2 + 12cm^2 + 4cm^2 = 25cm^2$ oder direkt $(3cm + 2cm)^2 = 5cm \cdot 5cm = 25cm^2$

Drei Beispiele für die Anwendung der 1. binomischen Formel:

$(2a + 4)^2 = 4a^2 + 16a + 16$

$(5b + 3)^2 = 25b^2 + 30b + 9$

$(6x + y)^2 = 36x^2 + 12xy + y^2$

Elementare Algebra ... kleinschrittig erklärt und umgesetzt – Bestell-Nr. 12 314

Die 1. binomische Formel

Aufgabe 1: *Wende bei den folgenden Aufgaben die 1. binomische Formel an.*

a) $(a + 6)^2 =$ ______

b) $(8 + b)^2 =$ ______

c) $(1 + 2b)^2 =$ ______

d) $(4a + b)^2 =$ ______

e) $(7a + 3b)^2 =$ ______

f) $(8a + 5b)^2 =$ ______

g) $(\frac{1}{2}a + b)^2 =$ ______

h) $(2a + \frac{1}{2})^2 =$ ______

i) $(\frac{1}{2} + 4b)^2 =$ ______

j) $(0,5a + 0,5b)^2 =$ ______

k) $(0,25x + y)^2 =$ ______

l) $(0,25x + 0,5y)^2 =$ ______

m) $(9x + 7y) \cdot (9x + 7y) =$ ______

n) $(2,5x + 3) \cdot (2,5x + 3) =$ ______

o) $(8 + 3,5y) \cdot (8 + 3,5y) =$ ______

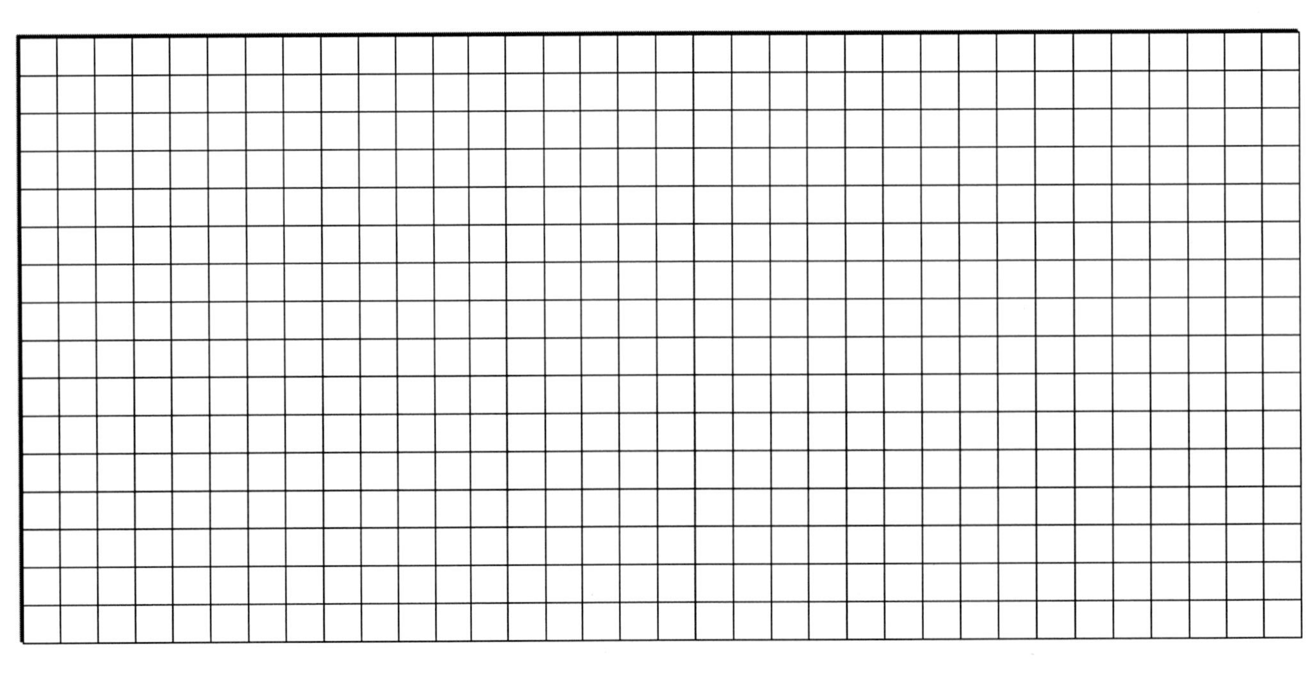

KOHL VERLAG Lernen mit Erfolg
Elementare Algebra ... kleinschrittig erklärt und umgesetzt – Bestell-Nr. 12 314

Die 2. binomische Formel

Die 2. binomische Formel unterscheidet sich von der 1. binomischen Formel dadurch, dass zweimal anstatt eines Pluszeichens jeweils ein Minuszeichen vorkommt. Manche bezeichnen deshalb die 1. binomische Formel als Plus-Formel, die 2. binomische Formel als Minus-Formel.

$$(a - b)^2 = (a - b) \cdot (a - b) = a^2 - ab - ab + b^2 = a^2 - 2ab + b^2$$

Auch diese Rechnung lässt sich sogleich durch die Anwendung der sogenannten 2. binomischen Formel verkürzen:

$$(a - b)^2 = a^2 - 2ab + b^2$$

Ebenfalls lässt sich die Richtigkeit dieser Formel veranschaulichen:

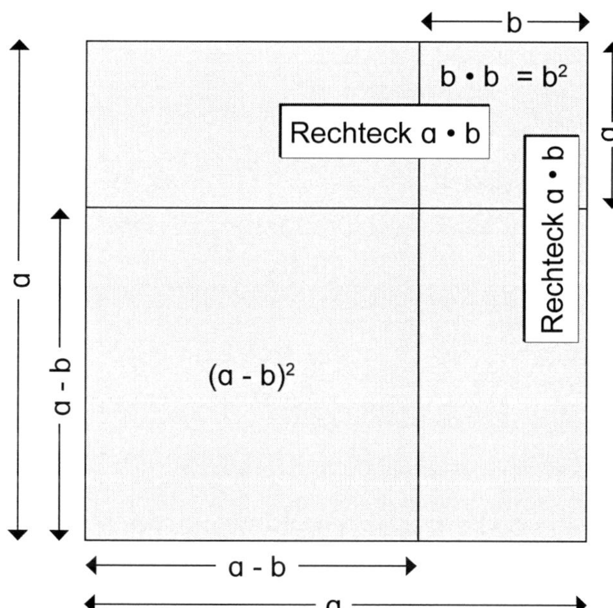

Vom großen Quadrat (= $a \cdot a = a^2$) werden die beiden Rechtecke $a \cdot b$ abgezogen.

Damit wurde <u>zweimal</u> das kleine Quadrat (= $b \cdot b = b^2$) abgezogen.

Da sich die beiden Rechtecke im kleinen Quadrat (= $b \cdot b = b^2$) überschneiden, muss dieses Quadrat einmal dazugezählt werden.

Also ergibt sich die oben genannte 2. binomische Formel.

Rechnerisches Nachvollziehen der 2. binomische Formel:

$a = 6$ cm $\quad$ $b = 2$ cm

$(6\text{ cm} - 2\text{ cm})^2 = (6\text{ cm} \cdot 6\text{ cm}) - 2 \cdot (6\text{ cm} \cdot 2\text{ cm}) + (2\text{ cm} \cdot 2\text{ cm}) = 36\text{ cm}^2 - 24\text{ cm}^2 + 4\text{ cm}^2 = 16\text{ cm}^2$ oder direkt $(6\text{ cm} - 2\text{ cm})^2 = 4\text{ cm} \cdot 4\text{ cm} = 16\text{ cm}^2$

Drei Beispiele für die Anwendung der 2. binomischen Formel:

$(a - 2)^2 = a^2 - 4a + 4$

$(3b - 6) = 9b^2 - 36b + 36$

$(7x - y) = 49x^2 - 14xy + y^2$

Elementare Algebra
... kleinschrittig erklärt und umgesetzt – Bestell-Nr. 12 314

Die 2. binomische Formel

Aufgabe 1: *Wende bei den folgenden Aufgaben die 2. binomische Formel an.*

a) $(a - 4)^2 =$ ______________________

b) $(5 - a)^2 =$ ______________________

c) $(3a - 1)^2 =$ ______________________

d) $(6a - b)^2 =$ ______________________

e) $(8a - 3b)^2 =$ ______________________

f) $(9a - 4b)^2 =$ ______________________

g) $(a - \frac{1}{2}b)^2 =$ ______________________

h) $(\frac{1}{2}a - 2b)^2 =$ ______________________

i) $(2a - 0{,}5)^2 =$ ______________________

j) $(0{,}5a - 0{,}25b)^2 =$ ______________________

k) $(0{,}25x - 4y)^2 =$ ______________________

l) $(\frac{1}{4}x - \frac{1}{2}y)^2 =$ ______________________

m) $(11x - 2y) \cdot (11x - 2y) =$ ______________________

n) $(1{,}5x - 4) \cdot (1{,}5x - 4) =$ ______________________

o) $(8x - 2{,}5y) \cdot (8x - 2{,}5y) =$ ______________________

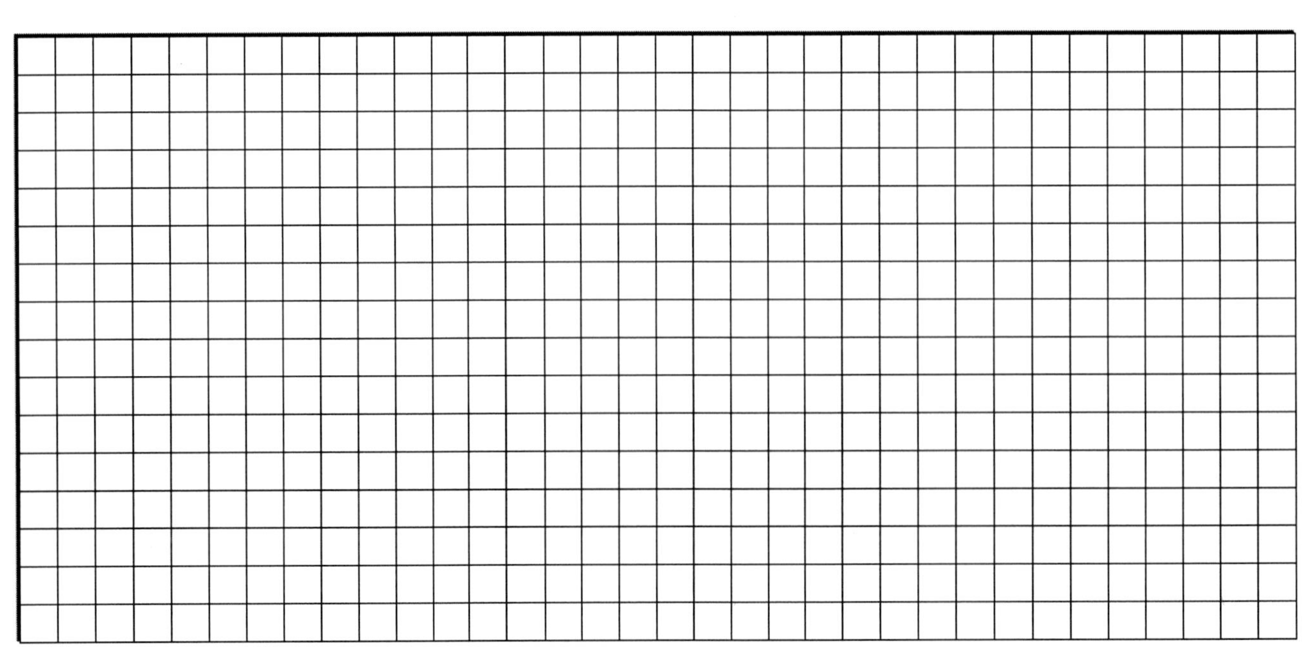

Die 3. binomische Formel

Die 3. binomische Formel beginnt mit:

$$(a + b) \cdot (a - b)$$

Von daher wird die 3. binomische Formel manchmal auch als Plusminus-Formel gekennzeichnet.

Die Rechnung $(a + b) \cdot (a - b)$ ergibt, wenn man jedes Glied des ersten Terms mit jedem Glied des zweiten Terms malnimmt und danach Gleichartiges zusammenfasst:

$$(a + b) \cdot (a - b) = a^2 - ab - b^2 = a^2 - b^2$$

Durch die sofortige Anwendung der 3. binomischen Formel lässt dich die Rechnung schnell verkürzen:

$$\boxed{(a + b) \cdot (a - b) = a^2 - b^2}$$

Die Richtigkeit der 3. binomischen Formel lässt sich u.a. so veranschaulichen:

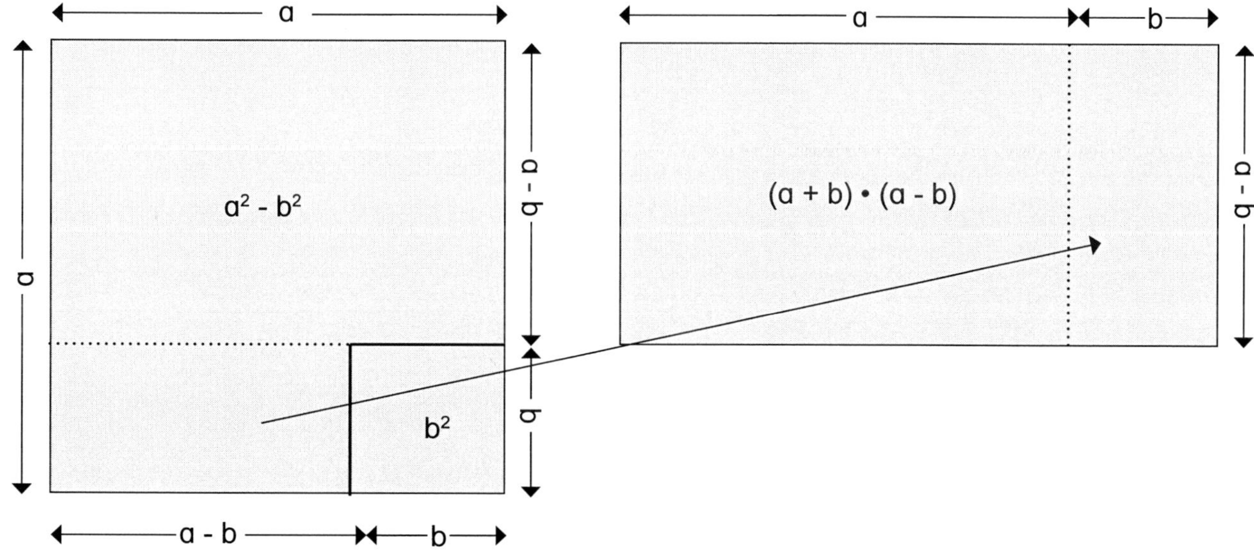

1. Vom linken großen Quadrat ($a \cdot a = a^2$) wird das kleine Quadrat ($b \cdot b = b^2$) abgeschnitten, also subtrahiert (= minus). Somit besteht nur noch die Fläche $a^2 - b^2$.

2. Von der Fläche $a^2 - b^2$ wird nun das unten links befindliche Rechteck $(a - b) \cdot b$ abgeschnitten, jedoch rechts oben wieder angesetzt, sodass die Fläche erhalten bleibt.

3. In der rechten Zeichnung ergibt sich insgesamt die Rechtecks-Fläche: $(a + b) \cdot (a - b)$. Dies entspricht $a^2 - b^2$ (siehe linke Zeichnung).

Elementare Algebra
... kleinschrittig erklärt und umgesetzt – Bestell-Nr. 12 314

Die 3. binomische Formel

Rechnerisches Nachvollziehen der 3. binomische Formel:

a = 7 cm   b = 2 cm

$(a + b) \cdot (a - b) = a^2 - b^2$

$(7\text{ cm} + 2\text{ cm}) \cdot (7\text{ cm} + 2\text{ cm}) = 49\text{ cm}^2 - 4\text{ cm}^2 = 45\text{ cm}^2$
oder direkt $9\text{ cm} \cdot 5\text{ cm} = 45\text{ cm}^2$

Drei Beispiele für die Anwendung der 3. binomischen Formel:
$(a + 3) \cdot (a - 3) = a^2 - 9$
$(6 + b) \cdot (6 - b) = 36 - b^2$
$(2a + 5b) \cdot (2a - 5b) = 4a^2 - 25b^2$

Aufgabe 1: *Wende bei den folgenden Aufgaben die 3. binomische Formel an.*

a) $(a + 2) \cdot (a - 2) =$ ______________________

b) $(8 + b) \cdot (8 - b) =$ ______________________

c) $(3a + 1) \cdot (3a - 1) =$ ______________________

d) $(2 + 3b) \cdot (2 - 3b) =$ ______________________

e) $(2a + 4b) \cdot (2a - 4b) =$ ______________________

f) $(\frac{1}{2} + a) \cdot (\frac{1}{2} - a) =$ ______________________

g) $(b + \frac{1}{4}) \cdot (b - \frac{1}{4}) =$ ______________________

h) $(0{,}5a + 2) \cdot (0{,}5a - 2) =$ ______________________

i) $(1{,}5 + a) \cdot (1{,}5 - a) =$ ______________________

j) $(2{,}5a + 1{,}5b) \cdot (2{,}5a - 1{,}5b) =$ ______________________

k) $(8x - 6) \cdot (8x + 6) =$ ______________________

l) $(9 - 9y) \cdot (9 + 9y) =$ ______________________

m) $(7x - 8y) \cdot (7x + 8y) =$ ______________________

n) $(9y - 11x) \cdot (9y + 11x) =$ ______________________

o) $(10x + 12y) \cdot (10x - 12y) =$ ______________________

Elementare Algebra
... kleinschrittig erklärt und umgesetzt – Bestell-Nr. 12 314

Die 3 binomischen Formeln vorwärts und rückwärts

Hier nochmals die 3 binomischen Formel vorwärts:

1. binomische Formel: $(a + b)^2 = a^2 + 2ab + b^2$
2. binomische Formel: $(a - b)^2 = a^2 - 2ab + b^2$
3. binomische Formel: $(a + b) \cdot (a - b) = a^2 - b^2$

Durch die Anwendung von binomischen Formeln lassen sich – wie wir gelernt haben – Rechenvorgänge verkürzen. Binomische Formeln sind hilfreich, um später im Mathematikunterricht (in höheren Klassenstufen) Gleichungen mit Variablen lösen zu können ...

Möglich ist auch, die genannten binomischen Formeln rückwärts (= umgekehrt) zu betrachten und dementsprechend anzuwenden.

Mit rückwärts (= umgekehrt) ist gemeint:

1. binomische Formel: $a^2 + 2ab + b^2 = (a + b)^2$
2. binomische Formel: $a^2 - 2ab + b^2 = (a - b)^2$
3. binomische Formel: $a^2 - b^2 = (a + b) \cdot (a - b)$

Drei Beispiele dafür:

$a^2 + 4a + 4 = (a + 2)^2$

$9x^2 - 12xy + 4y^2 = (3x - 2y)^2$

$16x^2 - 36y^2 = (4x + 6y) \cdot (4x - 6y)$

Aufgabe 1: *Wende bei den folgenden Aufgaben jeweils eine der binomischen Formeln rückwärts (= umgekehrt) an.*

a) $a^2 + 6a + 9 =$ ______________________

b) $25 + 10a + a^2 =$ ______________________

c) $a^2 + 4ab + 4b^2 =$ ______________________

d) $9a^2 + 42ab + 49b^2 =$ ______________________

e) $a^2 - 12ab + 36b^2 =$ ______________________

f) $64 - 16x + x^2 =$ ______________________

g) $x^2 - 14xy + 49y^2 =$ ______________________

h) $64x^2 - 144xy + 81y^2 =$ ______________________

i) $4x^2 - 121 =$ ______________________

j) $100x^2 - 144y^2 =$ ______________________

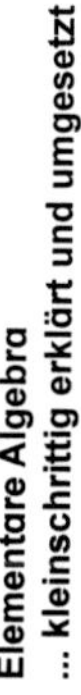

Elementare Algebra ... kleinschrittig erklärt und umgesetzt – Bestell-Nr. 12 314

Auflösen von Minusklammern

Minusklammern sind Klammern, vor denen unmittelbar ein Minuszeichen steht. Beim Auflösen von Minusklammern multipliziert man (gedanklich) jedes Glied der Klammer mit (-1).

Drei Beispiele:

$-(a + b) = (-1) \cdot (a + b) = -a - b$
$-(2a - 3b) = (-1) \cdot (2a - 3b) = -2a + 3b$
$3a - (4b - 5c) = 3a + (-1) \cdot (4b - 5c) = 3a - 4b + 5c$

Aufgabe 1: *Löse die folgenden Minusklammern auf.*

a) $-(a + 1) =$ ____________________

b) $-(b - 1) =$ ____________________

c) $-(4a + 2b) =$ ____________________

d) $-(-b + 5) =$ ____________________

e) $2x - (4y + 6) =$ ____________________

f) $3x - (-2y + 7) =$ ____________________

g) $4 - (6x - 2y) =$ ____________________

h) $8x - (-3x - 4) =$ ____________________

i) $-3y - (9x - 2y) =$ ____________________

j) $-13y - (10x + 14y) =$ ____________________

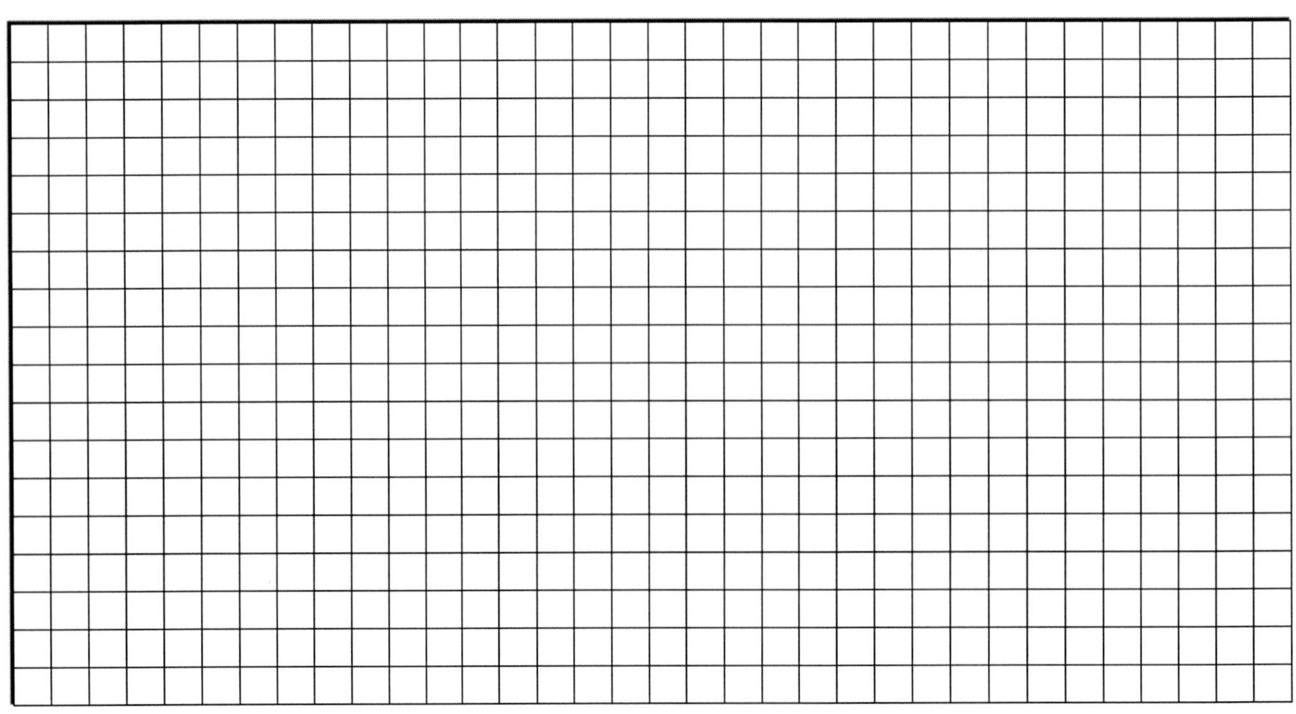

KOHL VERLAG Elementare Algebra ... kleinschrittig erklärt und umgesetzt – Bestell-Nr. 12 314

Ausklammern von gemeinsamen Faktoren

Das Ausklammern ist das Gegenteil zum Auflösen von Klammern. Beim Ausklammern werden also Klammern gesetzt.

Gemeinsame Faktoren von allen Gliedern eines Terms (= einer Summe) lassen sich ausklammern. In der Mathematik nennt man Faktoren das, was miteinander malgenommen wird.

factor (lat.) = Macher; jemand, der etwas tut

Drei Beispiele für das Ausklammern von gemeinsamen Faktoren:

$3a + 3b = 3 \cdot (a + b)$

$a^2 - 5ab = a \cdot a - 5 \cdot a \cdot b = a \cdot (a - 5b)$

$5x + 15x^2 + 25xy = 5x \cdot (1 + 3x + 5y)$

Aufgabe 1: *Klammere bei den folgenden Termen aus, was möglich ist.*

a) $2a + 2b =$ ____________________

b) $6a + 3b =$ ____________________

c) $a + ab =$ ____________________

d) $ab - ac =$ ____________________

e) $4ab - 4bc =$ ____________________

f) $a^2 - 6ab =$ ____________________

g) $16x^2 + 24xy =$ ____________________

h) $3xy + 12yz =$ ____________________

i) $28xy - 7yz =$ ____________________

j) $36x^2 - 9xy =$ ____________________

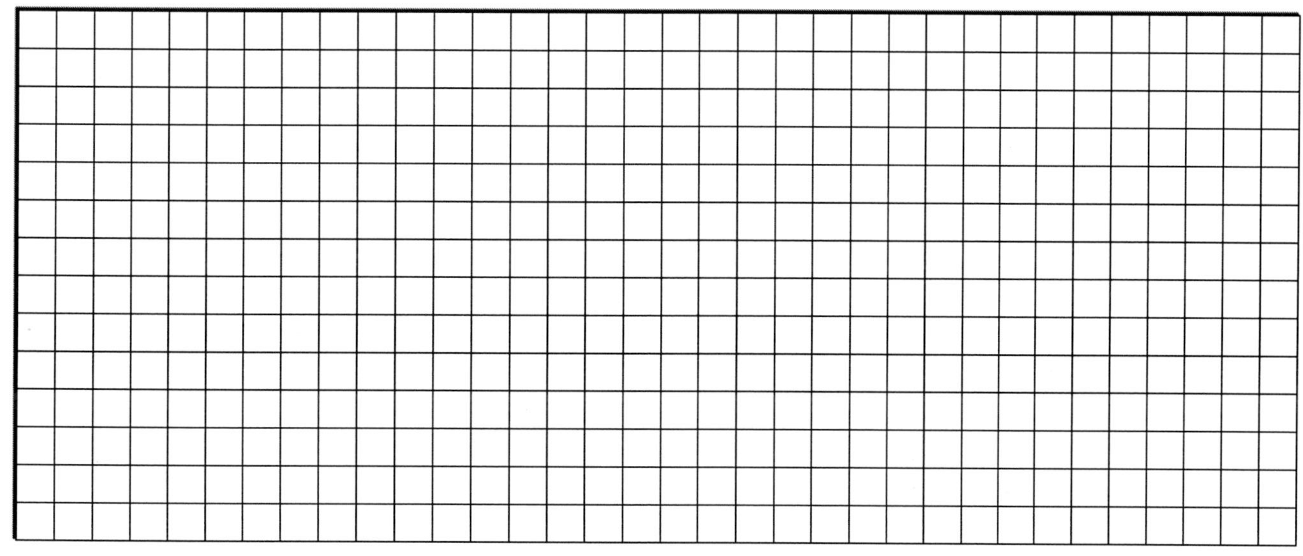

KOHL VERLAG Elementare Algebra ... kleinschrittig erklärt und umgesetzt – Bestell-Nr. 12 314

Strich-, Punkt-, Klammer- und Potenzrechnung bei Termen mit Variablen

- Die Potenzrechnung hat Vorrang vor den Grundrechenarten (= Addition, Subtraktion, Multiplikation, Division).
- Was in Klammern steht, hat Vorrang vor dem, was außerhalb von Klammern steht.
- Die Punktrechnung (= Multiplikation, Division) hat Vorrang vor der Strichrechnung (= Addition, Subtraktion).

Drei Beispiele:

$a - 2^3 + 4 \cdot (a + b) = a - 8 + 4a + 4b = 5a + 4b - 8$

$(5 - a) \cdot 3 + (a + b)^2 - 12 = 15 - 3a + a^2 + 2ab + b^2 - 12 = a^2 + b^2 + 2ab - 3a + 3$

$(8 - x)^2 - 6 + 7 \cdot (x + y) = 64 - 16x + x^2 - 6 + 7x + 7y = x^2 - 9x + 7y + 58$

Aufgabe 1: *Rechne aus.*

a) $9 - 3^2 + 2 \cdot (5 + a) =$ ____________________

b) $5^2 + (a - 3) \cdot 9 - 24 =$ ____________________

c) $11 + 14 + (a + 5) \cdot 6 =$ ____________________

d) $12 : 3 + 2^2 \cdot (1 + a) + 6 =$ ____________________

e) $(4a - 3)^2 + 7 - 8 \cdot (a + 3) =$ ____________________

f) $(x + 7) \cdot (y - 8) - 20 + 4^3 =$ ____________________

g) $(x - 9)^2 + 4 \cdot 9 - 15 : 3 =$ ____________________

h) $24 : 6 - 3 \cdot 8 + (x - y)^2 =$ ____________________

i) $(11 - 2y) \cdot (4 + x) + 8 \cdot 7 + (x + y)^2 =$ ____________________

j) $(2x + 3y)^2 - 10 \cdot 2 - 5 + (4x + 2y) \cdot (4x - 2y) =$ ____________________

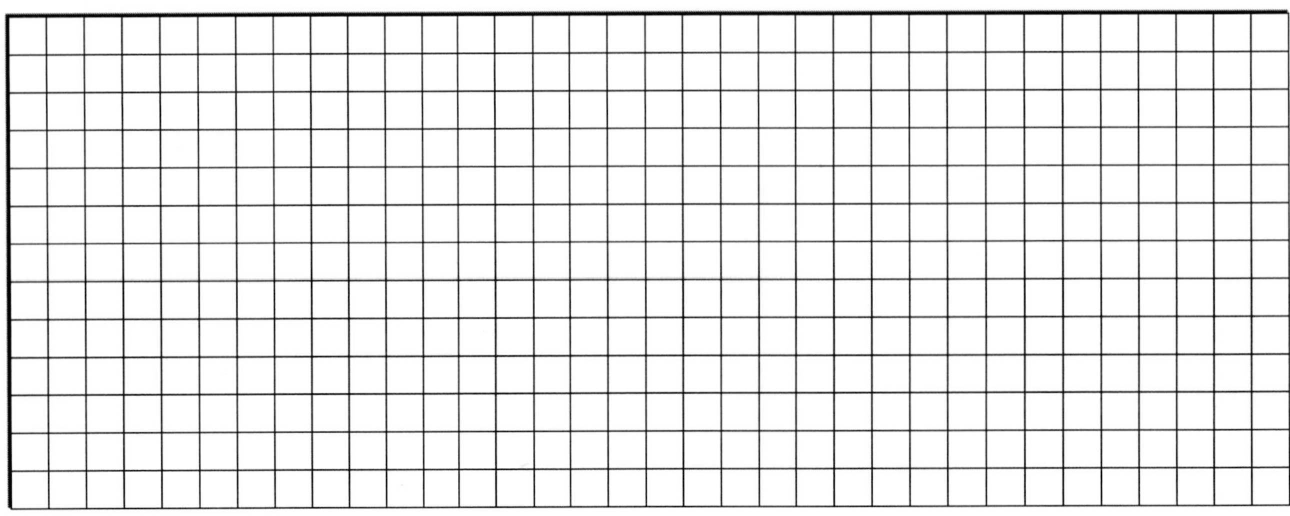

Multiplikation und Division von Potenzen mit gleichem Exponenten

Man multipliziert Potenzen mit gleichem Exponenten miteinander, indem man die Basen malnimmt und den gemeinsamen Exponenten beibehält.

Drei Beispiele für Potenzen mit Variablen:

$a^2 \cdot b^2 = (ab)^2$

$2a^2 \cdot 4b^2 = 8 \cdot (ab)^2$

$3^a \cdot 4^a = (3 \cdot 4)^a = 12^a$

Man dividiert 2 Potenzen mit gleichem Exponenten durcheinander, indem man die erste Basis durch die zweite Basis teilt und den gemeinsamen Exponenten beibehält.

Drei Beispiele für Potenzen mit Variablen:

$a^3 : b^3 = (\frac{a}{b})^3$

$4a^2 : b^2 = \frac{4a^2}{b^2} = (\frac{2a}{b})^2$

$15^a : 3^a = \frac{15a}{3a} = (\frac{15}{3})^a = 5^a$

Aufgabe 1: *Löse die folgenden Aufgaben.*

a) $a^3 \cdot b^3 =$ ____________________

b) $a^4 \cdot b^4 =$ ____________________

c) $(6ab)^2 =$ ____________________

d) $4a^5 \cdot 3b^5 =$ ____________________

e) $5^b \cdot 4^b =$ ____________________

f) $a^2 : b^2 =$ ____________________

g) $b^3 : a^3 =$ ____________________

h) $9a^2 : 4b^2 =$ ____________________

i) $(\frac{3b}{2a})^3 =$ ____________________

j) $35^b : 7^b =$ ____________________

KOHL VERLAG Elementare Algebra ... kleinschrittig erklärt und umgesetzt – Bestell-Nr. 12 314

Potenzieren von Potenzen

Potenzen selbst lassen sich potenzieren. Dies geschieht in folgender Weise: Die Basis wird mit dem Produkt der Exponenten potenziert.

Zur Erinnerung: Ein Produkt ist das Ergebnis des Malnehmens.

Mit anderen Worten: Die Basis wird (also) mit dem Ergebnis potenziert, das sich beim Malnehmen der Exponenten ergibt.

Vier Beispiele für Potenzen mit Variablen:

$(a^1)^2 = a^{1 \cdot 2} = a^2$

$(a^2)^3 = a^{2 \cdot 3} = a^6$

$(a^2 \cdot b^3)^2 = (a^2)^2 \cdot (b^3)^2 = a^{2 \cdot 2} \cdot b^{3 \cdot 2} = a^4 b^6$

$(2a^2)^2 = 2^2 \cdot (a^2)^2 = 4a^4$

<u>Aufgabe 1</u>: *Löse die folgenden Aufgaben.*

a) $(a^2)^1 =$ ____________________

b) $(b^1)^2 =$ ____________________

c) $(a^3)^1 =$ ____________________

d) $(b^2)^2 =$ ____________________

e) $(a^2)^3 =$ ____________________

f) $(b^4)^2 =$ ____________________

g) $(a^2)^7 =$ ____________________

h) $(b^5)^3 =$ ____________________

i) $(a \cdot b^2)^2 =$ ____________________

j) $(a^2 \cdot b^4)^2 =$ ____________________

k) $(b^2 \cdot a^3)^2 =$ ____________________

l) $(2b^2)^2 =$ ____________________

m) $(3a^2)^2 =$ ____________________

n) $(5b^3)^2 =$ ____________________

o) $(6a^3)^3 =$ ____________________

KOHL VERLAG Lernen mit Erfolg
Elementare Algebra ... kleinschrittig erklärt und umgesetzt – Bestell-Nr. 12 314

Potenzen mit ganzzahligen negativen Exponenten

Als Exponent kann bei Potenzen auch eine negative Zahl (= „Minuszahl“) stehen.
Eine Potenz mit einem ganzzahligen negativen Exponenten ergibt einen Bruch. Der Zähler dieses Bruches ist 1, der Nenner dieselbe Potenz mit einem positiven Exponenten.

Vier Beispiele für Potenzen mit Variablen:

$a^{-2} = \frac{1}{a^2}$

$b^{-3} = \frac{1}{b^3}$

$a^2 \cdot b^{-1} = \frac{a^2}{b^1} = \frac{a^2}{b}$

$a^{-2} \cdot b^{-3} = \frac{1}{a^2 b^3}$

<u>Aufgabe 1</u>: *Schreibe als Brüche.*

a) $a^{-3} =$ ____________________

b) $b^{-4} =$ ____________________

c) $a \cdot b^{-2} =$ ____________________

d) $b^2 \cdot a^{-2} =$ ____________________

e) $3 \cdot a^{-3} =$ ____________________

f) $b^{-2} \cdot 5 =$ ____________________

g) $a^2 \cdot b^{-1} =$ ____________________

h) $a^{-2} \cdot b^{-3} =$ ____________________

i) $6^{-2} \cdot a^4 =$ ____________________

j) $a^{-4} \cdot b^5 =$ ____________________

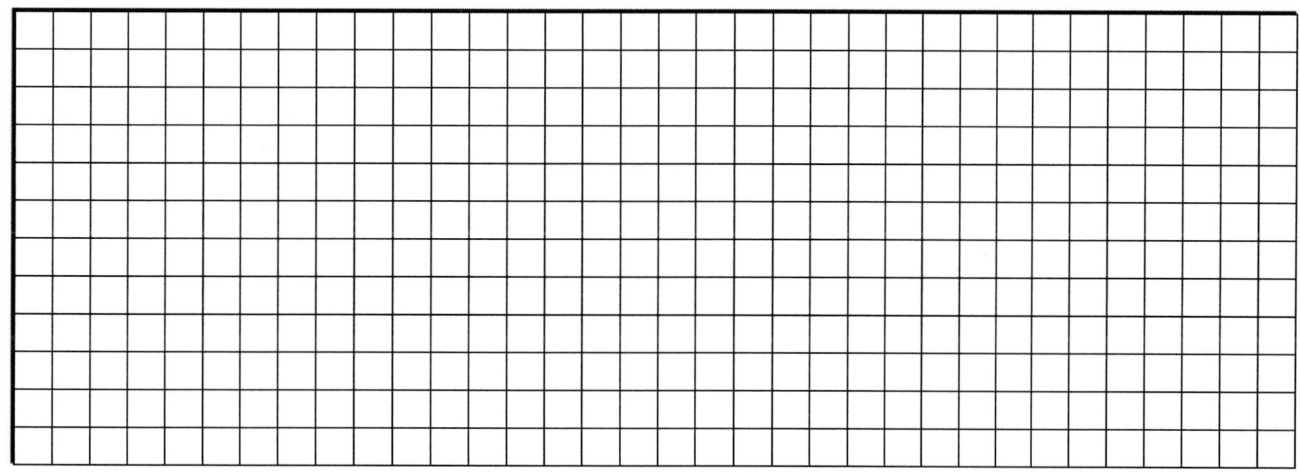

KOHL VERLAG Elementare Algebra ... kleinschrittig erklärt und umgesetzt – Bestell-Nr. 12 314

Zehnerpotenzen zur Darstellung (sehr) großer Zahlen

Als Zehnerpotenzen werden Potenzen bezeichnet, die die Basis 10 aufweisen. Zehnerpotenzen dienen u.a. zur Darstellung (sehr) großer Zahlen. Herangezogen werden Zehnerpotenzen oft für die Angabe von Entfernungen im Weltraum.

Drei Beispiele für Zehnerpotenzen:

$10^3 = 10 \cdot 10 \cdot 10 = 1.000$

$10^5 = 10 \cdot 10 \cdot 10 \cdot 10 \cdot 10 = 100.000$

$10^8 = 10 \cdot 10 \cdot 10 \cdot 10 \cdot 10 \cdot 10 \cdot 10 \cdot 10 = 100.000.000$

Merkregel: Anzahl der Nullen = Exponent

Aufgabe 1: *Rechne aus.*

a) $10^1 =$ ____________________

b) $10^2 =$ ____________________

c) $10^4 =$ ____________________

d) $10^7 =$ ____________________

e) $10^9 =$ ____________________

Die Zahl 52.000 z. B. lässt sich als Zehnerpotenz u.a. so ausdrücken: $5{,}2 \cdot 10^4 = 0{,}52 \cdot 10^5$.
3 Nullen hinzufügen (Merkregel): $5^2 \cdot 1.000 = 5^2 \cdot 10^3$

Aufgabe 2: *Gib die anschließend genannten fünf Zahlen jeweils als eine Zehnerpotenz an.*

a) 3.000 = ____________________

b) 95.000 = ____________________

c) 673.000 = ____________________

d) 25.490.000 = ____________________

e) 402.910.000 = ____________________

Große Zahlen werden als ein Produkt aus einer Kommazahl und einer Zehnerpotenz geschrieben. Dieses Produkt kann man verändern, wobei der Wert erhalten bleibt.

- Vergrößert man die Kommazahl durch Verschieben des Kommas nach rechts, muss der Exponent der Zehnerpotenz kleiner werden.
- Verkleinert man die Kommazahl durch Verschieben des Kommas nach links, muss der Exponent der Zehnerpotenz größer werden.

Elementare Algebra ... kleinschrittig erklärt und umgesetzt – Bestell-Nr. 12 314

Zehnerpotenzen zur Darstellung (sehr) kleiner Zahlen

Auch zur Darstellung (sehr) kleiner Zahlen lassen sich Zehnerpotenzen verwenden. Zehnerpotenzen kommen z. B. vor bei der Angabe der Größe von winzigen Tieren und der Mengenangabe chemischer Bestandteile von Stoffen.

Die Darstellung der (sehr) kleinen Zahlen erfolgt per Zehnerpotenzen mit jeweils einem negativen Exponenten.

Drei Beispiele für Zehnerpotenzen mit negativem Exponenten:

$10^{-1} = \frac{1}{10^1} = \frac{1}{10} = 0{,}1$

$10^{-3} = \frac{1}{10^3} = \frac{1}{1000} = 0{,}001$

$10^{-5} = \frac{1}{10^5} = \frac{1}{100\,000} = 0{,}00001$

Merkregel: Anzahl der Stellen nach dem Komma = Exponent

Aufgabe 1: *Schreibe als Bruch und als Kommazahl.*

a) $10^{-2} =$ ____________________

b) $10^{-4} =$ ____________________

c) $10^{-6} =$ ____________________

d) $10^{-7} =$ ____________________

e) $10^{-9} =$ ____________________

Kleine Zahlen werden genau wie große als Produkt aus einer Kommazahl und einer Zehnerpotenz geschrieben, aber jetzt mit negativem Exponenten. Multipliziere dafür zunächst die Zahl mit 10^0 (= 1). Dieses Produkt kann man dann ganz genau so verändern wie bei großen Zahlen (vorherige Seite). Beispiel: $0{,}063 = 0{,}063 \cdot 10^0 = 0{,}63 \cdot 10^{-1} = 6{,}3 \cdot 10^{-2}$

Beachte, dass
- ➲ -2 größer als -3 ist und
- ➲ -1 größer als -2

Aufgabe 2: *Gib die anschließend genannten fünf Zahlen jeweils als eine Zehnerpotenz mit negativem Exponenten an.*

a) 0,04 = ____________________

b) 0,0071 = ____________________

c) 0,000 528 = ____________________

d) 0,000 008 762 = ____________________

e) 0,000 000 090 13 = ____________________

KOHL VERLAG
Elementare Algebra
... kleinschrittig erklärt und umgesetzt – Bestell-Nr. 12 314

Wurzeln

Wurzeln sind die Umkehrung (= das Gegenteil) von Potenzen. Meistens kommen Quadratwurzeln (2. Wurzeln) und Kubikwurzeln (= 3. Wurzeln) in der Mathematik vor.

Wurzeln werden gezogen. Das Fremdwort dafür heißt radizieren.

radix (lat.) = Wurzel, Boden ...

Ein Vergleich von Potenzen mit Wurzeln anhand von zwei Beispielen:

Potenzen	Wurzeln
$4^2 = 4 \cdot 4 = 16$ $(-4)^2 = (-4) \cdot (-4) = 16$	$\sqrt[2]{16} = +4$; denn $4 \cdot 4 = 16$ $-\sqrt[2]{16} = -4$; denn $(-4) \cdot (-4) = 16$
	Gesprochen wird: *„Die positive Quadratwurzel aus 16 ist +4, die negative Quadratwurzel aus 16 ist (-4).“* <u>Hinweis</u>: statt $\sqrt[2]{...}$ wird gewöhnlich geschrieben $\sqrt{...}$ Die kleine 2 wird also weggelassen.
$2^3 = 2 \cdot 2 \cdot 2 = 8$	$\sqrt[3]{8} = 2$; denn $2 \cdot 2 \cdot 2 = 8$
	Gesprochen wird: *„Die Kubikwurzel aus 8 ist 2.“*

Fachbegriffe in der Wurzelrechnung:

$$\sqrt[3]{8} = 2$$

Wurzelexponent (= Wurzelhochzahl) → 3

Wurzel(wert) → 2

Radikand (= Wurzelgrundzahl) → 8

Vier Beispiele für das Ziehen von Wurzeln mit Variablen:

$\sqrt{a^2} = a$; denn $a \cdot a = a^2$

$\sqrt[3]{a^3} = a$; denn $a \cdot a \cdot a = a^3$

$\sqrt{4b^2} = 2b$; denn $2b \cdot 2b = 4b^2$

$\sqrt[3]{27b^3} = 3b$; denn $3b \cdot 3b \cdot 3b = 27b^3$

KOHL VERLAG Elementare Algebra ... kleinschrittig erklärt und umgesetzt – Bestell-Nr. 12 314

Wurzeln

Aufgabe 1: *Ziehe die Wurzeln. Dabei stehen die Variablen a, b für positive Zahlen.*

a) $\sqrt{4} =$ ____________________

b) $\sqrt{25} =$ ____________________

c) $-\sqrt{49} =$ ____________________

d) $-\sqrt{100} =$ ____________________

e) $\sqrt{144} =$ ____________________

f) $\sqrt{225} =$ ____________________

g) $-\sqrt{324} =$ ____________________

h) $\sqrt[3]{1} =$ ____________________

i) $\sqrt[3]{27} =$ ____________________

j) $\sqrt[3]{-64} =$ ____________________

k) $\sqrt[3]{-125} =$ ____________________

l) $\sqrt[3]{343} =$ ____________________

m) $\sqrt{b^2} =$ ____________________

n) $\sqrt{9a^2} =$ ____________________

o) $\sqrt{64b^2} =$ ____________________

p) $\sqrt{81b^2} =$ ____________________

q) $\sqrt{169a^2} =$ ____________________

r) $\sqrt{400b^2} =$ ____________________

s) $\sqrt[3]{b^3} =$ ____________________

t) $\sqrt[3]{8a^3} =$ ____________________

u) $\sqrt[3]{64a^3} =$ ____________________

v) $\sqrt[3]{216b^3} =$ ____________________

w) $\sqrt[3]{(a + b)^3} =$ ____________________

x) $\sqrt[3]{(a - b)^3} =$ ____________________

y) $\sqrt[3]{(a + 3b)^3} =$ ____________________

KOHL VERLAG Lernen mit Erfolg
Elementare Algebra
... kleinschrittig erklärt und umgesetzt – Bestell-Nr. 12 314

Terme mit Variablen – ein Quiz(spiel)

Spielerzahl: möglichst 2 - 4 Spieler bzw. Mannschaften

Spielmaterialien:

- 2 Spielpläne (siehe Vorlagen Seite 49 und 50);
- 1 sechsflächiger Zahlenwürfel mit den Augenzahlen 1-6, evtl. ein Würfelbecher;
- je Spieler/Mannschaft 1 kleiner Spielstein, der sich von den Spielsteinen der Gegenspieler farblich unterscheidet;
- evtl. z.B. 1 Schreibstift und Papier (zum Notieren der von den einzelnen Spielern/Mannschaften erzielten Punkte);
- evtl. je Spieler/Mannschaft 1 Schreibstift, um die 36 auf einem Spielplan genannten Aufgaben schriftlich zu beantworten.

Spielvorbereitung: Ein Spielplan wird mitten auf einen Tisch gelegt. Die Spieler/Mannschaften setzen sich um diesen Tisch herum. Jeder Spieler/jede Mannschaft stellt den eigenen Spielstein auf dem Spielplan vor dem Feld Nr. 1 auf.

Spielregeln: Im Verlauf des Spiels sind die Spieler/Mannschaften abwechselnd an der Reihe. Wer dran ist, würfelt jeweils einmal. Das Würfelergebnis bestimmt, auf welches Feld der Spieler/die Mannschaft seinen Spielstein auf den von 1-36 durchnummerierten Feldern des Spielplans vorziehen darf, sofern die auf dem betreffenden Feld genannte Aufgabe richtig beantwortet wird. Falls die Aufgabe nicht korrekt beantwortet wird, muss der Spielstein an der vorherigen Stelle stehenbleiben. Die Kontrolle, ob die gestellten Aufgaben richtig beantwortet werden, erfolgt durch alle Spieler/Mannschaften gemeinsam.

Spielsieg: Gewinner des Spiels ist, wer mit seinem Spielstein auf dem Spielplan zuerst das Feld Nr. 36 erreicht oder gemäß Würfelergebnis darüber hinweg gelangt.

Variationen:

- Das Quiz wird ohne den Einsatz eines Würfels durchgeführt. Wer an der Reihe ist, darf sich zur Beantwortung eine Aufgabe aussuchen, die im bisherigen Verlauf des Spiels noch nicht (richtig) beantwortet worden ist.
  Alternative: Die Aufgaben gilt es, in der vorgegebenen Reihenfolge zu lösen (Nr. 1, Nr. 2, Nr. 3 ...). Für jede richtige Antwort gibt es einen Punkt. Spielsieger ist, wer schließlich die meisten Punkte errungen hat.
- Jeder Spieler/jede Mannschaft erhält den vorliegenden Spielplan als Arbeitsblatt. Innerhalb einer vorgegebenen Zeit muss jeder Spieler/jede Mannschaft die 36 Aufgaben schriftlich beantworten. Wer löst die meisten Aufgaben?
- ...

Terme mit Variablen – ein Quiz(spiel)

$3a + 4a =$ 1	$8a - 12ab - ab =$ 2	$5a \cdot 7 =$ 3	$28b : 7b =$ 4	$(-36a) : 9a =$ 5	$a + (-a) =$ 6
-6 ____ $= 42a$ 7	$7(2b + 4) =$ 8	$(x + 3)(x - 4) =$ 9	$32b$ ____ $= -8$ 10	$-(5 + x) =$ 11	$(10x - 3)\,7 =$ 12
$a \cdot a \cdot a =$ 13	$4a^2 + 6a^2 - a^2 =$ 14	$(ab)^5 : (ab)^2$ 15	$(a + 4)^2 =$ 16	$(10a - 2b)^2 =$ 17	$(5a + 3b)(5a - 3b) =$ 18
$a^5 \cdot b^5 =$ 19	$27a^3 \cdot 125b^3 =$ 20	$6^b : 3^b =$ 21	$(5b^4)^3 =$ 22	$(a^7)^5 =$ 23	$(b^5 : b^2)^3 =$ 24
$3a^{-4} =$ 25	$a^{-2} \cdot b^3 =$ 26	$(\frac{2x}{y})^3 =$ 27	$856.000 =$ 28	$2.970.000 =$ 29	$10.000 \cdot 10.000 =$ 30
$10^{-5} =$ 31	$0,00033 =$ 32	$10^{-4} \cdot 10^5 =$ 33	$\sqrt{49a^2} =$ 34	$\sqrt[3]{27b^3} =$ 35	$(3a - x)(3a + x) =$ 36

Terme mit Variablen – ein Quiz(spiel)

$7b + b =$ [1]	$4 \cdot 6a =$ [2]	$36ab : 4 =$ [3]	$(-15a) : (-3) =$ [4]	$-5b - 4b =$ [5]	$7a \cdot (-9) =$ [6]
$12a$ _____ $= 24ab$ [7]	$(8a - 3b) \cdot 5 =$ [8]	$(-x - 2)(x + 4) =$ [9]	$18ab$ _____ $= 96$ [10]	$-(x - y) =$ [11]	$(a + 5)(a - 5) =$ [12]
$(2a \cdot b)^2 =$ [13]	$(-b)^2 =$ [14]	$8 - (a - b) =$ [15]	$b^2 \cdot b =$ [16]	$(y - x)(5 + x) =$ [17]	$(xy)^7 : (xy)^2 =$ [18]
$(-a^2) \cdot (-a^3) =$ [19]	$30xy$ _____ $= 3x$ [20]	$(-b)^5 =$ [21]	$8cd \cdot (-0{,}5a) =$ [22]	$\frac{1}{6}x^2 + \frac{2}{3}x^2 =$ [23]	$(ab)^3 \cdot (ba)^5 =$ [24]
$(2x - \frac{1}{2})^2 =$ [25]	$64a^2 - 49b^2 =$ [26]	$25a^2 : 16b^2 =$ [27]	$(x^3)^4 =$ [28]	$7^{-2} \cdot a^5 =$ [29]	$43.500 =$ [30]
$a^3 \cdot a^{-2} =$ [31]	$-\sqrt{121} =$ [32]	$0{,}0037 =$ [33]	$\sqrt[3]{125x^3b^3} =$ [34]	$(a^6 : a^3)^4 =$ [35]	$\sqrt{16a^2} \cdot 4a =$ [36]

KOHL VERLAG Lernen mit Erfolg
Elementare Algebra
... kleinschrittig erklärt und umgesetzt – Bestell-Nr. 12 314

Terme mit Variablen – ein Quiz(spiel)

Blanko-Vorlage

6	12	18	24	30	36
5	11	17	23	29	35
4	10	16	22	28	34
3	9	15	21	27	33
2	8	14	20	26	32
1	7	13	19	25	31

Test/Arbeit II (Thema: Terme mit Variablen)

Name: ______________________________ **Datum**: ____________

1. Erkläre kurz, was für die Multiplikation das Distributivgesetz besagt.

____

2. Löse die Aufgaben durch Auflösen der Klammer:

a) $4 \cdot (7a + 5b) =$ ______________________________

b) $(6x - 2) \cdot (3 + 4y) =$ ______________________________

c) $(-10 + 7y) \cdot (-11x - 12) =$ ______________________________

3. Erläutere kurz, was Potenzen sind.

____

____

4. Berechne:

a) $7b^3 + 4a^3 - 6b^3 =$ ______________________________

b) $\frac{1}{2}x^2 + \frac{3}{4}x^2 - \frac{1}{4}x^3 =$ ______________________________

c) $\frac{2}{3}x^2 - \frac{1}{2}y^2 - \frac{1}{6}x^2 =$ ______________________________

5. Berechne:

a) $a^2 \cdot a =$ ______________________________

b) $(ab)^3 \cdot (ab)^4 =$ ______________________________

c) $x^6 : x^4 =$ ______________________________

d) $y^5 : y^5 =$ ______________________________

6. **a)** Ein Binom – was ist das in der Mathematik?

____

____

b) Wie heißen die 1., 2. und 3. binomische Formel?

1. binomische Formel: ______________________________

2. binomische Formel: ______________________________

3. binomische Formel: ______________________________

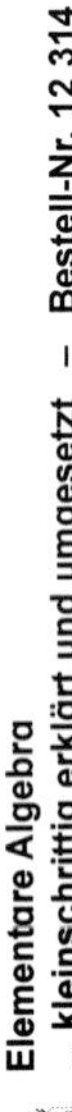

Elementare Algebra ... kleinschrittig erklärt und umgesetzt – Bestell-Nr. 12 314
KOHL VERLAG

Test/Arbeit II (Thema: Terme mit Variablen)

Name: ______________________ **Datum**: ____________

7. Wende bei den folgenden Aufgaben jeweils eine der binomischen Formeln an:

a) $(5a + 6b)^2 =$ ______________________

b) $(4x - 0{,}5)^2 =$ ______________________

c) $(7x + 9y) \cdot (7x - 9y) =$ ______________________

8. Wende bei den nächsten drei Aufgaben jeweils eine der binomischen Formeln rückwärts (= umgekehrt) an:

a) $a^2 + 8a + 16 =$ ______________________

b) $x^2 - 10xy + 25y^2 =$ ______________________

c) $64x^2 - 49y^2 =$ ______________________

9. Klammere bei den anschließenden Aufgaben aus, was möglich ist:

a) $5a + 5b =$ ______________________

b) $8x + 24xy =$ ______________________

c) $45xy - 27y =$ ______________________

10. Berechne:

a) $6^2 + 14 + 3 \cdot (2a + 4) =$ ______________________

b) $(4 - 6)^2 - 21 : (7 - 4) =$ ______________________

c) $(x + 5) \cdot (x - 6) + (9 - 5)^2 + x =$ ______________________

d) $11 \cdot (-3x) - (3y - 4)^2 + 36x : (-9) + 2y^2 =$ ______________________

11. Wende verschiedene Potenzregeln an:

a) $5 \cdot 3^4 \cdot 6y^4 =$ ______________________

b) $27a^3 : b^3 =$ ______________________

c) $(x^7)^6 =$ ______________________

d) $x^5 \cdot y^{-5} =$ ______________________

12. Schreibe jeweils auf zwei Arten als Zehnerpotenzen:

a) 48.000 = ______________________

b) 45.230.000 = ______________________

c) 0,0026 = ______________________

13. Berechne die Wurzeln:

a) $\sqrt{49} =$ ______________________

b) $\sqrt{4b^2} =$ ______________________

c) $\sqrt{a^2 + 2ab + b^2} =$ ______________________

Was weißt du, was kannst du?

Kreuze an, was für dich gilt.

	Ja	Nein
1. das Kommutativgesetz (= Vertauschungsgesetz) und Assoziativgesetz (= Verbindungsgesetz) kennen und anwenden;	☐	☐
2. erklären, was Terme, Variable und Koeffizienten sind;	☐	☐
3. Terme mit Variablen addieren und subtrahieren;	☐	☐
4. Terme mit Variablen multiplizieren und dividieren;	☐	☐
5. die Punktrechnung und Strichrechnung bei Termen anwenden;	☐	☐
6. mit negativen Zahlen rechnen;	☐	☐
7. Terme mit Variablen aufstellen;	☐	☐
8. Textaufgaben zum Thema Terme mit Variablen lösen;	☐	☐
9. das Distributivgesetz (= Verteilungsgesetz) kennen und anwenden;	☐	☐
10. 2 Klammern in einem Produkt auflösen;	☐	☐
11. Potenzen addieren und subtrahieren;	☐	☐
12. Potenzen mit gleicher Basis multiplizieren und dividieren;	☐	☐
13. die drei binomischen Formeln kennen und anwenden;	☐	☐
14. die drei binomischen Formeln rückwärts (= umgekehrt) anwenden;	☐	☐
15. Minusklammern auflösen, gemeinsame Faktoren ausklammern;	☐	☐
16. die Strich-, Punkt-, Klammer- und Potenzrechnung bei Termen mit Variablen anwenden;	☐	☐
17. Potenzen mit gleichen Exponenten multiplizieren und dividieren;	☐	☐
18. Potenzen potenzieren und Potenzen mit negativen Exponenten verwenden;	☐	☐
19. sehr große und kleine Zahlen in die Zehnerpotenzschreibweise bringen;	☐	☐
20. Quadrat- und Kubikwurzeln berechnen.	☐	☐

Elementare Algebra ... kleinschrittig erklärt und umgesetzt – Bestell-Nr. 12 314
KOHL VERLAG

Lösungen

Seite 6

Aufgabe 1:

		Richtig	Falsch
1.	Der Fachbegriff für die Plusrechnung ist Addition.	X	
2.	Die Subtraktion ist das Gegenteil zur Division.		X
3.	Das Resultat bei der Multiplikation nennt man Quotient, das der Division Produkt.		X
4.	Die Punktrechnung umfasst die Multiplikation und Division.	X	
5.	Die Multiplikation sowie Division haben Vorrang vor der Addition und Subtraktion.	X	
6.	Zuerst muss berechnet werden, was außerhalb einer oder mehrerer Klammern steht.		X
7.	Höhere Rechenarten müssen vor den Grundrechenarten durchgeführt werden.	X	
8.	Man kann das Kommutativgesetz auch Verbindungsgesetz nennen, das Assoziativgesetz als Vertauschungsgesetz bezeichnen.		X
9.	Das Kommutativgesetz und das Assoziativgesetz gelten nur für zwei Grundrechenarten.	X	
10.	Das Vertauschungsgesetz lässt sich u.a. so ausdrücken: a + b = a • b		X
11.	Das Kommutativgesetz besagt, dass bei der Veränderung der Reihenfolge der zu multiplizierenden Zahlen das Endergebnis gleich bleibt.	X	
12.	Es gilt stets: (a • b) • c = a + (b • c)		X

Aufgabe 2:
2. Die Subtraktion ist das Gegenteil zur Addition.
3. Das Resultat bei der Multiplikation nennt man Produkt, das der Division Quotient.
6. Was innerhalb einer oder mehrerer Klammern steht muss zuerst berechnet werden.
8. Man kann das Kommutativgesetz auch Vertauschungsgesetz nennen, das Assoziativgesetz als Verbindungsgesetz bezeichnen.
10. Das Vertauschungsgesetz lässt sich u.a. so ausdrücken: a + b = b + a
12. Es gilt stets: (a • b) • c = a • (b • c).

Seite 7

Aufgabe 1:
a) Terme sind sinnvolle Rechenausdrücke, mit denen sich rechnen lässt.
b) Terme haben keine Relationszeichen wie Gleichheitszeichen(=), Größer als-Zeichen(>), Kleiner als-Zeichen (<) ...
c) Terme können aus einer oder mehreren Zahlen und möglicherweise Rechenzeichen (z.B. +) bestehen.
d) In Termen können auch Variable vorkommen.
e) Variable kann man als Platzhalter oder veränderliche Größen bezeichnen. Sie werden gewöhnlich als Buchstaben geschrieben (z.B. a, x oder y).
f) Gleichartige Terme weisen gleiche Variable (z.B. a + 3a ...) auf.
g) In ungleichartigen Termen kommen verschiedene Variablen vor (z.B. 2x + 5y ...).

Aufgabe 2:

Terme	keine Terme
4 + 5 + 6	21 > 20
7b - 2b	6a = 24
3x • 8	16xy :

Seite 8

Aufgabe 1: Individuelle Lösungen

Seite 9

Aufgabe 1:
a) 7b + 5b + 6b = 18b
b) 11a + a + 10a = 22a
c) 6c + 9 + 14 + 13c = 19c + 23
d) 8d + 16 + 16d + 8 = 24d + 24
e) 15ab + ab + 24 + 15 + ab = 17ab + 39
f) 16abc + 4a + 6a + 11b = 10a + 11b + 16abc
g) 14def + 2def + 21 + 3def + 15 = 19def + 36
h) 31ab + 23 + 15ab + 6a + 7a = 13a + 46ab + 23
i) 13 + 17 + 17a + 13b + 11c = 17a + 13b + 11c + 30
j) 2,5x + 4x + 1,5xy + 18 + 4,5xy = 6,5x + 6xy + 18

Lösungen

Seite 10

Aufgabe 1:

a) $16a - 2a - 3a = 11a$
b) $19ab - ab - 5ab = 13ab$
c) $21cd - 16 - 7cd = 14cd - 16$
d) $28a + 9 + 18 - 27a = a + 27$
e) $15xy - 12 - 13 - xy = 14xy - 25$
f) $31b - 18 + 17 - 32b = -b - 1$
g) $17a - 16b + 15b = 17a - b$
h) $35c - 19c - b - 8 + 7 = -b + 16c - 1$
i) $38yz - 16a + 19a - 35yz - 5 = 3a + 3yz - 5$
j) $24 - 27 + 16b - 24b - b = -9b - 3$
k) $14a - a - a + 8b - 10c = 12a + 8b - 10c$
l) $18 - 20 + 4a - 7a + 12b = -3a + 12b - 2$
m) $23ef - 27ef + ef - 19 - 28 = -3ef - 47$
n) $14{,}5c - 13{,}5b - b - 16{,}5c + 4 = -14{,}5b - 2{,}5c + 4$
o) $7{,}5a - 8{,}5a + 13 - 9{,}5a - 9b = -10{,}5a - 9b + 13$

Seite 11

Aufgabe 1:

a) $3a + 8a - 4a = 7a$
b) $9b - 5b + 4 - 3 = 4b + 1$
c) $11c + 5 - 3 - 6c = 5c + 2$
d) $13c - c + 2c - 7 + 9 = 14c + 2$
e) $15d - 8d - 7d + 12 - 11 = 1$
f) $16d - 12 + 11 - d - 15d = -1$
g) $18 - 20 + 19d - 4d - 16d = -d - 2$
h) $21e - 20 - 19e + 18 - 17 = 2e - 19$
i) $22e - 23 - 24 + 25e - 26e = 21e - 47$
j) $25f - 16f - 4f - 6f - 2 - 6 = -f - 8$
k) $19x + 7xy - 24x + 16 - 26 - 3xy = -5x + 4xy - 10$
l) $18x - 17y - 16z + 9 - 12 + 6 = 18x - 17y - 16z + 3$
m) $24y - 18y + 16x - 13 - 12 + 17y = 16x + 23y - 25$
n) $16xy - 2y - 3z + 4xy + y + 4z = -y + z + 20xy$
o) $18 + 14x - 14xy + 8x - 23x - 19 = -x - 14xy - 1$
p) $15xy + 4xz - 3xyz - 3xy + 2xyz = 12xy + 4xz - xyz$
q) $21 + xyz - 2xy + 4xz - 4xyz + xy = -xy + 4xz - 3xyz + 21$
r) $16xyz - 18xyz + 4yz - 5xz + 13 = -5xz + 4yz - 2xyz + 13$
s) $23x - 24y - 25z + 26 - 27 + 28x - 29y = 51x - 53y - 25z - 1$
t) $32x - 31yz + 32zy - 33x + 34yz + 35 = -x + 35yz + 35$

Seite 12

Aufgabe 1:

a) $9 \cdot 8b = 72b$
b) $11a \cdot 6 = 66a$
c) $8xy \cdot 12 = 96xy$
d) $\frac{1}{2} \cdot 24c = 12c$
e) $36d \cdot 0{,}25 = 9d$
f) $7a \cdot 8b = 56ab$
g) $9b \cdot 13a = 117ab$
h) $11ab \cdot 6c = 66abc$
i) $\frac{1}{2}a \cdot 32b = 16ab$
j) $48d \cdot 0{,}5\,bc = 24bcd$
k) $4b \cdot (-5a) = -20ab$
l) $(-3b) \cdot (-17a) = 51ab$
m) $(-9ab) \cdot 12c = -108abc$
n) $16cd \cdot (-0{,}25ab) = -4abcd$
o) $(-45bc) \cdot (-\frac{1}{5}ad) = 9abcd$

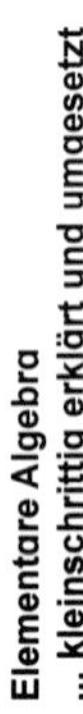

Elementare Algebra
... kleinschrittig erklärt und umgesetzt – Bestell-Nr. 12 314

Lösungen

Seite 13

Aufgabe 2: **a)** $25b : 5 = 5b$
b) $32ab : 4 = 8ab$
c) $72abc : 8 = 9abc$
d) $96a : (-6) = -16a$
e) $76ab : 19a = 4b$
f) $102ab : 17cd = 6\frac{ab}{cd}$
g) $126abc : 18a = 7bc$
h) $143xy : 11xyz = \frac{13}{z}$
i) $(-165cd) : (-15d) = 11c$
j) $168x : (-12xy) = -\frac{14}{y}$

Seite 14

Aufgabe 1: **a)** $4 \cdot a + 3 \cdot b - 2 = 4a + 3b - 2$
b) $5 + 2 \cdot 5b - 4 \cdot 3a = 5 + 10b - 12a = -12a + 10b + 5$
c) $12b : 3 + 5b - 5 \cdot 4a = 4b + 5b - 20a = -20a + 9b$
d) $15c : 15 - 14 + 15 = c - 14 + 15 = c + 1$
e) $42c : 6c + d \cdot 7 + 5 = 7 + 7d + 5 = 7d + 12$
f) $4cd + 2 \cdot 3cd + 8 - 9cd = 4cd + 6cd - 9cd + 8 = cd + 8$
g) $16ab - 2 \cdot bc + 16a : 4 - 2 \cdot 3 = 16ab - 2bc + 4a - 6 = 4a + 16ab - 2bc - 6$
h) $18x - 2 \cdot 3y - 6xy + 3x \cdot 2y = 18x - 6y - 6xy + 6xy = 18x - 6y$
i) $24xy - 3y \cdot 6x + 5 \cdot 2x - 8 \cdot y = 24xy - 18xy + 10x - 8y = 10x + 6xy - 8y$
j) $16x + 17 \cdot y + 18 - 19 + 28x : 7 = 16x + 17y - 1 + 4x = 20x + 17y - 1$
k) $-19 + 12x \cdot y + 36xy : 9x - 3 = -19 + 12xy + 4y - 3 = 12xy + 4y - 22$
l) $-4y \cdot 9x + 25xy : 5 - 5x + 9 \cdot 2y = -36xy + 5xy - 5x + 18y = -5x - 31xy + 18y$
m) $32xy - 29y \cdot x + 27xy : 3y - 3 \cdot 4x = 32xy - 29xy + 9x - 12x = -3x + 3xy$
n) $36xyz : 6xy - 11 \cdot 2x + 11 - 6x + 13 = 6z - 22x + 11 - 6x + 13 = -28x + 6z + 24$
o) $45xyz : 9yz - 8 \cdot 3z + 9 \cdot 3x - 8x : 4 = 5x - 24z + 27x - 2x = 30x - 24z$

Seite 15

Aufgabe 1: **a)** $a + a + a = 3a$
b) $a + b + a + b = 2a + 2b$
c) $2b - b = b$
d) $5b - 2b = 3b$
e) $a - b + a - b = 2a - 2b$
f) $a + b - a - b = 0$
g) $a + 2b - b = a + b$
h) $a - 2a = -a$
i) $a \cdot b = ab$
j) $2a \cdot 2 = 4a$
k) $2a \cdot 2b = 4ab$
l) $2a \cdot 3{,}5b = 7ab$
m) $6a : 3 = 2a$
n) $6a : 3a = 2$
o) $5b : 2 = 2{,}5b$
p) $b : b = 1$
q) $8ab : 4 = 2ab$
r) $8ab : 2a = 4b$
s) $8ab : 2ba = 4$
t) $4a : 2b = 2\frac{a}{b}$

Lösungen

Seite 17

Aufgabe 1:

a)	+ (-a) + 2a	= -a + 2a = a
b)	a - (-4a)	= a + 4a = 5a
c)	- (+b) + b	= -b +b = 0
d)	+ (-5b) - (+4b)	= -5b -4b = -9b
e)	- (-6c) - (-4c)	= 6c + 4c = 10c
f)	-5c - (+6c)	= -5c -6c = -11c
g)	- (-d) + (-d) - (+d)	= d - d - d = -d
h)	+ (-8d) - (+5d) - (-15d)	= -8d -5d + 15d = 2d
i)	+ (-9x) + (-3x) - (+14x)	= -9x -3x -14x = -26x
j)	10x - (-3x) + (-6x)	= 10x + 3x -6x = 7x
k)	3x • (-6)	= -18x
l)	-4x • (-3y)	= 12xy
m)	(-8y) • (+2x)	= -16xy
n)	(+x) • (-y) • (-4)	= (-xy) • (-4) = 4xy
o)	(-5) • (+4x) • (-2y)	= (-20x) • (-2y) = 40xy
p)	16xy : (-4)	= -4xy
q)	(-21x) : (-7)	= 3x
r)	36x : (-6x)	= -6
s)	(-28xy) : (-4xy)	= 7
t)	(-42yx) : (-7x)	= 6y

Seite 18

Aufgabe 1:

a)	2a	+ 3a	= 5a
b)	-3a	+ 6a	= 3a
c)	7b	- 6b	= b
d)	-4b	- 2b	= -6b
e)	5ab	- 10ab	= -5ab
f)	8	• 2a	= 16a
g)	9a	• 2b	= 18ab
h)	-3	• 4a	= -12a
i)	5a	• 4b	= 20ab
j)	-7b	• (-3a)	= 21ab
k)	15ab	: 5b	= 3a
l)	9ab	: (-3b)	= -3a
m)	-18ab	: 3a	= -6b
n)	24abc	: (-6ac)	= -4b
o)	-28abc	: (-4a)	= 7bc

Seite 19

Aufgabe 1:

a) x + 6

b) x - 7

c) 4x

d) 2x + 3

e) 6x - 8

f) $\frac{1}{2}$ x

g) $\frac{1}{2}$ x + 5

h) $\frac{1}{4}$ x - 6

i) 5x + 3

j) 3x - 4

k) $\frac{1}{3}$ x + 5

l) $\frac{1}{5}$ x - 8

m) x + 7

n) x - 9

o) x • 12 = 12x

p) $\frac{1}{8}$ x

q) 18x : 3 = 6x

r) 2x + 3x = 5x

s) 9x -5x = 4x

t) 15x : 5 = 3x

KOHL VERLAG Lernen mit Erfolg
Elementare Algebra
... kleinschrittig erklärt und umgesetzt – Bestell-Nr. 12 314

Lösungen

Seite 20

Aufgabe 1: Rechnung: Term: $2x + 3x = 5x$
$5 \cdot 39$ Euro = 195 Euro

Antwort: Durch den Verkauf von 5 Kopfhörern wurden 195 Euro Einnahmen erzielt.

Aufgabe 2: Rechnung: Term: $6{,}5x + 8{,}5x = 15x$
$15 \cdot 9{,}50$ Euro = 142,50 Euro

Antwort: Die Aushilfe verdiente für die zweitägige Arbeit 142,50 Euro.

Aufgabe 3: Rechnung: Term: $18x + 40$
18 Euro • 12 + 40 Euro = 216 Euro + 40Euro = 256 Euro

Antwort: Für die einjährige Mitgliedschaft im Sportverein sind 256 Euro zu zahlen.

Aufgabe 4: Rechnung: Term: $50x + 30$
50 • 4,75 Euro + 30 Euro = 237,50 Euro + 30Euro = 267,50 Euro

Antwort: Die Kosten betragen 267,50 Euro.

Seite 21

Aufgabe 5: Rechnung: Term: $2a + b$
$2 \cdot 4 + 1 \cdot 1 = 8 + 1 = 9$

Antwort: Die Mannschaft weist 9 Punkte auf.

Aufgabe 6: Rechnung: Term: $3a + b$
$3 \cdot 9 + 1 \cdot 4 = 27 + 4 = 31$

Antwort: Die Mannschaft hat 31 Punkte erzielt.

Aufgabe 7: Rechnung: Term: $3a + 2b + c$
$3 \cdot 5 + 2 \cdot 6 + 1 \cdot 9 = 15 + 12 + 9 = 36$

Antwort: Die Nation bekommt 36 Punkte (angerechnet).

Aufgabe 8: Rechnung: Term: $4a + 3b + 2c + d$
$4 \cdot 4 + 3 \cdot 4 + 2 \cdot 4 + 1 \cdot 1 = 16 + 12 + 8 + 1 = 37$

Antwort: Das Land weist 37 Punkte auf.

Seite 22

Aufgabe 9: Rechnung: Term: $1{,}5x + 3{,}5$
$1{,}5 \cdot 8 + 3{,}5 = 12 + 3{,}5 = 15{,}50$

Antwort: Für eine 8 km lange Fahrt muss man 15,50 Euro bezahlen.

Aufgabe 10: Rechnung: Term: $65x + 50$
$65 \cdot 14 + 50 = 910 + 50 = 960$

Antwort: Die Gesamtkosten für die Nutzung der Ferienwohnung betragen 960 Euro.

Aufgabe 11: Rechnung: Term: $7x + 2{,}5y$
$7 \cdot 3 + 2{,}5 \cdot 23 = 21 + 57{,}50 = 78{,}50$

Antwort: Der Besuch des Museums kostet insgesamt 78,50 Euro.

Aufgabe 12: Rechnung: Term: $0{,}25x + 0{,}35y + 0{,}45z$
$0{,}25 \cdot 2 + 0{,}35 \cdot 3 + 0{,}45 \cdot 5 = 0{,}5 + 1{,}05 + 2{,}25 = 3{,}80$

Antwort: Der Kunde hat 3,80 Euro zu bezahlen.

Lösungen

Seite 23 – Test I

Aufgabe 1: Zuerst gilt es auszurechnen, was in Klammern steht. Danach haben Punktrechnungen (= Multiplikation und Division) zu erfolgen und schließlich erst Strichrechnungen (=Addition und Subtraktion).

Aufgabe 2: Das Kommutativgesetz (= Vertauschungsgesetz) besagt: Bei der Addition kann getauscht werden, was addiert wird, ohne dass sich das Endergebnis ändert: $a + b = b + a$

Gleiches gilt für die Multiplikation: $a \cdot b = b \cdot a$

Das Assoziativgesetz (= Vertauschungsgesetz) beinhaltet: Bei der Addition können Rechnungen verschieden verbunden (= verknüpft) werden, wobei das Endergebnis gleich ist:

$(a + b) + c = a + (b + c)$.

Gleiches gilt für die Multiplikation: $(a \cdot b) \cdot c = a \cdot (b \cdot c)$.

Aufgabe 3: a) Terme sind sinnvolle Rechenausdrücke, mit denen man rechnen kann. Zwei Beispiele: 2 + 3; x - 5. Terme können aus einer oder mehreren Zahlen, Rechenzeichen und Variablen bestehen.

b) Variable sind Platzhalter, veränderliche Größen ... Sie werden gewöhnlich geschrieben als Buchstaben, meistens a, b, x, y.

c) Koeffizienten sind Zahlen, die unmittelbar vor Variablen stehen (z.B. 4x) oder dort gedacht werden müssen (x bedeutet 1x oder $1 \cdot x$). Man bezeichnet Koeffizienten auch als Vorzahlen oder Beizahlen.

Aufgabe 4:
a) 9a
b) 11b + 12
c) 20x - y
d) -2x + 4y + 43xy

Aufgabe 5:
a) 20ab
b) -54ab
c) 8y
d) -17

Aufgabe 6:
a) 14 + 42a - 45a = -3a + 14
b) 48a - 40ab + 19
c) -4y + 1 + 24y = 20y + 1
d) -72xy - 19x - 8 + 30y = -19x + 30y - 72xy - 8

Aufgabe 7:
a) a + 6a = 7a
b) -3b -13b = -16b
c) -112xy
d) 9x

Seite 24 – Test I

Aufgabe 8:
a) 4a <u>+7a</u> = 11a
b) <u>23b</u> - 8b = 15b
c) 8x <u>• (-3y)</u> = -24xy
d) <u>(-35xy)</u> : (-7y) = 5x

Aufgabe 9:
a) x + 14
b) x - 21
c) 3x - 16
d) $\frac{1}{8}x$

Aufgabe 10: **a)** <u>Rechnung</u>: Term: 1 + 0,5x
$1 + 0{,}5 \cdot 7 = 1 + 3{,}5 = 4{,}5$

<u>Antwort</u>: Am 8. Tag läuft der Jugendliche 4,5 km.

b) <u>Rechnung</u>: Term: 1,69x + 0,89y
$1{,}69 \cdot 2 + 0{,}89 \cdot 3 = 3{,}38 + 2{,}67 = 6{,}05$

<u>Antwort</u>: Für 2 kg Butter und 3 kg Margarine muss man insgesamt 6,05 Euro bezahlen.

Elementare Algebra ... kleinschrittig erklärt und umgesetzt – Bestell-Nr. 12 314
KOHL VERLAG

Lösungen

Seite 25

Aufgabe 1:

a) $(a + b) \cdot 7 = 7a + 7b$
b) $(3a + 6) \cdot 5 = 15a + 30$
c) $(5b + 2a) \cdot 2 = 10b + 4a$
d) $3 \cdot (4 + 2b) = 12 + 6b$
e) $2a \cdot (4b + 6) = 8ab + 12a$
f) $4 \cdot (7ab + 3) = 28ab + 12$
g) $5 \cdot (6ab + 8b) = 30ab + 40b$
h) $(4a - 3) \cdot 5 = 20a - 15$
i) $(6b - 8a) \cdot 7 = 42b - 56a$
j) $(7 - 3b) \cdot 4a = 28a - 12ab$
k) $(12a - 3b) \cdot 2c = 24ac - 6bc$
l) $(6 - 2b) \cdot 3a = 18a - 6ab$
m) $(2a - 3) \cdot 9b = 18ab - 27b$
n) $(5 - 3c) \cdot 4ab = 20ab - 12abc$
o) $(7a - 6b) \cdot 8c = 56ac - 48bc$

Seite 26

Aufgabe 1:

a) $(a + 2) \cdot (b + 3) = ab + 3a + 2b + 6$
b) $(a + 4) \cdot (b - 5) = ab - 5a + 4b - 20$
c) $(1 - a) \cdot (1 - b) = 1 - b - a + ab$
d) $(2a - 6) \cdot (b + 7) = 2ab + 14a - 6b - 42$
e) $(3a + 8) \cdot (2a - 5) = 6a^2 - 15a + 16a - 40 = 6a^2 + a - 40$
f) $(5a + b) \cdot (a + 9) = 5a^2 + 45a + ab + 9b$
g) $(6a - b) \cdot (4 + b) = 24a + 6ab - 4b - b^2$
h) $(-x + 3) \cdot (x + 10) = -x^2 - 10x + 3x + 30 = -x^2 - 7x + 30$
i) $(-2x + 5) \cdot (-x - 8) = 2x^2 + 16x - 5x - 40 = 2x^2 + 11x - 40$
j) $(-4x - 7) \cdot (-4y + 9) = 16xy - 36x + 28y - 63$

Seite 27

Aufgabe 2:

		Richtig	Falsch
a)	$3x + 5(x + 3) = 3x + 5x + 15 = 8x + 15$	X	
b)	$2x + (2 - x)\,3 = 2x + 2 - x = x + 2$		X
c)	$7x - 2(x - 4) = 7x - 2x - 8 = 5x - 8$		X
d)	$(2a - 3)(3b + 6) = 6ab + 12a - 9b - 18$	X	
e)	$(4 - 5a)(6 - 7b) = 24 - 28b - 30a - 35ab$		X
f)	$(5 + c)(4a - 8b) = 20a - 40b + 4ac - 8bc$	X	
g)	$7 + (a + 4)(b - 6) = 7 + ab - 6a + 4 - 24 = 7 + ab - 6a - 20$		X
h)	$(b + 3)(7 - a) - 5 = 7b - ab + 21 - 3a - 5 = 7b - ab - 3a + 16$	X	
i)	$a + (a - 12)(b + 4) = a + ab + 4a - 12b - 48 = 5a - 12b + ab - 48$	X	
j)	$(5b - 11)(3a - c) - 6a = 15ab - 5bc - 33a + 11c - 6a = -27a + 15ab - 5bc + 11c$		X

Aufgabe 3:

b) $2x + (2 - x)\,3 = 2x + 6 - 3x = -x + 6$
c) $7x - 2(x - 4) = 7x - 2x + 8 = 5x + 8$
e) $(4 - 5a)(6 - 7b) = 24 - 28b - 30a + 35ab$
g) $7 + (a + 4)(b - 6) = 7 + ab - 6a + 4b - 24 = -6a + ab + 4b - 17$
j) $(5b - 11)(3a - c) - 6a = 15ab - 5bc - 33a + 11c - 6a = -39a + 15ab - 5bc + 11c$

KOHL VERLAG Elementare Algebra ... kleinschrittig erklärt und umgesetzt – Bestell-Nr. 12 314

Lösungen

Seite 28

Aufgabe 1: **a)** $3 \cdot 3 = 3^2$
b) $4 \cdot 4 \cdot 4 = 4^3$
c) $b \cdot b = b^2$
d) $a \cdot a \cdot a = a^3$
e) $(x + y) \cdot (x + y) = (x + y)^2$

Aufgabe 2: **a)** $5^3 = 5 \cdot 5 \cdot 5$
b) $8^4 = 8 \cdot 8 \cdot 8 \cdot 8$
c) $a^5 = a \cdot a \cdot a \cdot a \cdot a$
d) $(-b)^4 = (-b) \cdot (-b) \cdot (-b) \cdot (-b)$
e) $(x - y)^2 = (x - y) \cdot (x - y)$

Seite 29

Aufgabe 1: **a)** $2a^2 + a^2 = 3a^2$
b) $3a^2 + 4a^2 = 7a^2$
c) $5a^3 - 2a^3 = 3a^3$
d) $8b^3 + 6b^3 = 14b^3$
e) $7b^2 + 8b^2 - 9b^2 = 6b^2$
f) $9x^4 - x^4 + 8x^4 = 16x^4$
g) $3{,}5x^3 + 2{,}5x^3 - 5x^3 = x^3$
h) $15\frac{1}{2}x^5 - 12x^5 + 10x^5 = 13\frac{1}{2}x^5$
i) $\frac{1}{4}x^2 + \frac{5}{4}x^2 - \frac{3}{4}x^2 = \frac{3}{4}x^2$
j) $\frac{4}{3}x^3 - \frac{1}{2}x^3 + \frac{7}{6}x^3 = \frac{8}{6}x^3 - \frac{3}{6}x^3 + \frac{7}{6}x^3 = \frac{12}{6}x^3 = 2x^3$

Seite 30

Aufgabe 1: **a)** $a^3 \cdot a = a^4$
b) $a^4 \cdot a^3 = a^7$
c) $a^2 \cdot a^6 = a^8$
d) $(ab)^2 \cdot (ab)^3 = (ab)^5$
e) $a^4 : a^3 = a$
f) $b^5 : b = b^4$
g) $b^6 : b^3 = b^3$
h) $(ab)^2 \cdot (ba)^2 = (ab)^4$
i) $(ab)^9 : (ba)^4 = (ab)^5$
j) $(ab)^6 : (ab)^6 = (ab)^0 = 1$

Seite 32

Aufgabe 1: **a)** $(a + 6)^2 = a^2 + 12a + 36$
b) $(a + b)^2 = 64 + 16b + b^2 = b^2 + 16b + 64$
c) $(1 + 2b)^2 = 1 + 4b + 4b^2 = 4b^2 + 4b + 1$
d) $(4a + b)^2 = 16a^2 + 8ab + b^2$
e) $(7a + 3b)^2 = 49a^2 + 42ab + 9b^2$
f) $(8a + 5b)^2 = 64a^2 + 80ab + 25b^2$
g) $(\frac{1}{2}a + b)^2 = \frac{1}{4}a^2 + ab + b^2$
h) $(2a + \frac{1}{2})^2 = 4a^2 + 2a + \frac{1}{4}$
i) $(\frac{1}{2} + 4b)^2 = \frac{1}{4} + 4b + 16b^2 = 16b^2 + 4b + \frac{1}{4}$
j) $(0{,}5a + 0{,}5b)^2 = 0{,}25a^2 + 0{,}5ab + 0{,}25b^2$
k) $(0{,}25x + y)^2 = 0{,}0625x^2 + 0{,}5xy + y^2$
l) $(0{,}25x + 0{,}5y)^2 = 0{,}0625x^2 + 0{,}25xy + 0{,}25y^2$
m) $(9x + 7y) \cdot (9x + 7y) = 81x^2 + 126xy + 49y^2$
n) $(2{,}5x + 3) \cdot (2{,}5x + 3) = 6{,}25x^2 + 15x + 9$
o) $(8 + 3{,}5y) \cdot (8 + 3{,}5y) = 64 + 56y + 12{,}25y^2 = 12{,}25y^2 + 56y + 64$

KOHL VERLAG Lernen mit Erfolg — Elementare Algebra ... kleinschrittig erklärt und umgesetzt – Bestell-Nr. 12 314

Lösungen

Seite 34

Aufgabe 1:

a) $(a - 4)^2 = a^2 - 8a + 16$

b) $(5 - a)^2 = 25 - 10a + a^2 = a^2 - 10a + 25$

c) $(3a - 1)^2 = 9a^2 - 6a + 1$

d) $(6a - b)^2 = 36a^2 - 12ab + b^2$

e) $(8a - 3b)^2 = 64a^2 - 48ab + 9b^2$

f) $(9a - 4b)^2 = 81a^2 - 72ab + 16b^2$

g) $(a - \frac{1}{2}b)^2 = a^2 - ab + \frac{1}{4}b^2$

h) $(\frac{1}{2}a - 2b)^2 = \frac{1}{4}a^2 - 2ab + 4b^2$

i) $(2a - 0{,}5)^2 = 4a^2 - 2a + 0{,}25$

j) $(0{,}5a - 0{,}25b)^2 = 0{,}25a^2 - 0{,}25ab + 0{,}0625b^2$

k) $(0{,}25x - 4y)^2 = 0{,}0625x^2 - 2xy + 16y^2$

l) $(\frac{1}{4}x - \frac{1}{2}y)^2 = \frac{1}{16}x^2 - \frac{1}{4}xy + \frac{1}{4}y^2$

m) $(11x - 2y) \cdot (11x - 2y) = 121x^2 - 44xy + 4y^2$

n) $(1{,}5x - 4) \cdot (1{,}5x - 4) = 2{,}25x^2 - 12x + 16$

o) $(8x - 2{,}5y) \cdot (8x - 2{,}5y) = 64x^2 - 40xy + 6{,}25y^2$

Seite 36

Aufgabe 1:

a) $(a + 2) \cdot (a - 2) = a^2 - 4$

b) $(8 + b) \cdot (8 - b) = -b^2 + 64$

c) $(3a + 1) \cdot (3a - 1) = 9a^2 - 1$

d) $(2 + 3b) \cdot (2 - 3b) = -9b^2 + 4$

e) $(2a + 4b) \cdot (2a - 4b) = 4a^2 - 16b^2$

f) $(\frac{1}{2} + a) \cdot (\frac{1}{2} - a) = -a^2 + \frac{1}{4}$

g) $(b + \frac{1}{4}) \cdot (b - \frac{1}{4}) = b^2 - \frac{1}{16}$

h) $(0{,}5a + 2) \cdot (0{,}5a - 2) = 0{,}25a^2 - 4$

i) $(1{,}5 + a) \cdot (1{,}5 - a) = -a^2 + 2{,}25$

j) $(2{,}5a + 1{,}5b) \cdot (2{,}5a - 1{,}5b) = 6{,}25a^2 - 2{,}25b^2$

k) $(8x - 6) \cdot (8x + 6) = 64x^2 - 36$

l) $(9 - 9y) \cdot (9 + 9y) = -81y^2 + 81$

m) $(7x - 8y) \cdot (7x + 8y) = 49x^2 - 64y^2$

n) $(9y - 11x) \cdot (9y + 11x) = -121x^2 + 81y^2$

o) $(10x + 12y) \cdot (10x - 12y) = 100x^2 - 144y^2$

Seite 37

Aufgabe 1:

a) $a^2 + 6a + 9 = (a + 3)^2$

b) $25 + 10a + a^2 = a^2 + 10a + 25 = (a + 5)^2$

c) $a^2 + 4ab + 4b^2 = (a + 2b)^2$

d) $9a^2 + 42ab + 49b^2 = (3a + 7b)^2$

e) $a^2 - 12ab + 36b^2 = (a - 6b)^2$

f) $64 - 16x + x^2 = x^2 - 16x + 64 = (x - 8)^2$

g) $x^2 - 14xy + 49y^2 = (x - 7y)^2$

h) $64x^2 - 144xy + 81y^2 = (8x - 9y)^2$

i) $4x^2 - 121 = (2x + 11) \cdot (2x - 11)$

j) $100x^2 - 144y^2 = (10x + 12y) \cdot (10x - 12y)$

Lösungen

Seite 38

Aufgabe 1:

a) $-(a + 1) = (-1) \cdot (a + 1) = -a - 1$
b) $-(b - 1) = (-1) \cdot (b - 1) = -b + 1$
c) $-(4a + 2b) = (-1) \cdot (4a + 2b) = -4a - 2b$
d) $-(-b + 5) = (-1) \cdot (-b + 5) = b - 5$
e) $2x - (4y + 6) = 2x + (-1) \cdot (4y + 6) = 2x - 4y - 6$
f) $3x - (-2y + 7) = 3x + (-1) \cdot (-2y + 7) = 3x + 2y - 7$
g) $4 - (6x - 2y) = 4 + (-1) \cdot (6x - 2y) = 4 - 6x + 2y$
h) $8x - (-3x - 4) = 8x + (-1) \cdot (-3x - 4) = 8x + 3x + 4 = 11x + 4$
i) $-3y - (9x - 2y) = -3y + (-1) \cdot (9x - 2y) = -3x - 9x + 2y = -9x - y$
j) $-13y - (10x + 14y) = -13y + (-1) \cdot (10x + 14y) = -13y - 10x - 14y = -10x - 27y$

Seite 39

Aufgabe 1:

a) $2a + 2b = 2 \cdot (a + b)$
b) $6a + 3b = 3 \cdot (2a + b)$
c) $a + ab = a \cdot (1 + b)$
d) $ab - ac = a \cdot (b - c)$
e) $4ab - 4bc = 4b \cdot (a - c)$
f) $a^2 - 6ab = a\,(a - 6b)$
g) $16x^2 + 24xy = 4x \cdot (4x + 6y)$
h) $3xy + 12yz = 3y \cdot (x + 4z)$
i) $28xy - 7yz = 7y \cdot (4x - z)$
j) $36x^2 - 9xy = 9x \cdot (4x - y)$

Seite 40

Aufgabe 1:

a) $9 - 3^2 + 2 \cdot (5 + a) = 9 - 9 + 10 + 2a = 2a + 10$
b) $5^2 + (a - 3) \cdot 9 - 24 = 25 + 9a - 27 - 24 = 9a - 26$
c) $11 + 14 + (a + 5) \cdot 6 = 25 + 6a + 30 = 6a + 55$
d) $12 : 3 + 2^2 \cdot (1 + a) + 6 = 4 + 4 \cdot (1 + a) + 6 = 4 + 4 + 4a + 6 = 4a + 14$
e) $(4a - 3)^2 + 7 - 8 \cdot (a + 3) = 16a^2 - 24a + 9 + 7 - 8a - 24 = 16a^2 - 32a - 8$
f) $(x + 7) \cdot (y - 8) - 20 + 4^3 = xy - 8x + 7y - 56 - 20 + 64 = -8x + xy + 7y - 12$
g) $(x - 9)^2 + 4 \cdot 9 - 15 : 3 = x^2 - 18x + 81 + 36 - 5 = x^2 - 18x + 112$
h) $24 : 6 - 3 \cdot 8 + (x - y)^2 = 4 - 24 + x^2 - 2xy + y^2 = x^2 - 2xy + y^2 - 20$
i) $(11 - 2y) \cdot (4 + x) + 8 \cdot 7 + (x + y)^2 = 44 + 11x - 8y - 2xy + 56 + x^2 + 2xy + y^2 = x^2 + 11x + y^2 - 8y + 100$
j) $(2x + 3y)^2 - 10 \cdot 2 - 5 + (4x + 2y) \cdot (4x - 2y) = 4x^2 + 12xy + 9y^2 - 20 - 5 + 16x^2 - 4y^2 = 20x^2 + 12xy + 5y^2 - 25$

Seite 41

Aufgabe 1:

a) $a^3 \cdot b^3 = (ab)^3$
b) $a^4 \cdot b^4 = (ab)^4$
c) $(6ab)^2 = (6ab)^2 = 36a^2b^2$
d) $4a^5 \cdot 3b^5 = 4 \cdot 3 \cdot a^5 \cdot b^5 = 12(ab)^5$
e) $5^b \cdot 4^b = 20^b$
f) $a^2 : b^2 = (\frac{a}{b})^2$
g) $b^3 : a^3 = (\frac{b}{a})^3$
h) $9a^2 : 4b^2 = \frac{3^2a^2}{2^2b^2} = (\frac{3a}{2b})^2$
i) $(\frac{3b}{2a})^3 = \frac{27b^3}{8a^3}$
j) $35b : 7b = \frac{35^b}{7^b} = 5^b$

KOHL VERLAG Elementare Algebra ... kleinschrittig erklärt und umgesetzt – Bestell-Nr. 12 314

Lösungen

Seite 42

Aufgabe 1:
a) $(a^2)^1 = a^2$
b) $(b^1)^2 = b^2$
c) $(a^3)^1 = a^3$
d) $(b^2)^2 = b^4$
e) $(a^2)^3 = a^6$
f) $(b^4)^2 = b^8$
g) $(a^2)^7 = a^{14}$
h) $(b^5)^3 = b^{15}$
i) $(a \cdot b^2)^2 = a^2(b^2)^2 = a^2b^4$
j) $(a^2 \cdot b^4)^2 = (a^2)^2(b^4)^2 = a^4b^8$
k) $(b^2 \cdot a^3)^2 = b^4a^6$
l) $(2b^2)^2 = 2^2(b^2)^2 = 4b^4$
m) $(3a^2)^2 = 3^2(a^2)^2 = 9a^4$
n) $(5b^3)^2 = 5^2(b^3)^2 = 25b^6$
o) $(6a^3)^3 = 6^3(a^3)^3 = 216a^9$

Seite 43

Aufgabe 1:
a) $a^{-3} = \frac{1}{a^3}$
b) $b^{-4} = \frac{1}{b^4}$
c) $a \cdot b^{-2} = \frac{a}{b^2}$
d) $b^2 \cdot a^{-2} = \frac{b^2}{a^2} = (\frac{b}{a})^2$
e) $3 \cdot a^{-3} = \frac{3}{a^3}$
f) $b^{-2} \cdot 5 = \frac{5}{b^2}$
g) $a^2 \cdot b^{-1} = \frac{a^2}{b}$
h) $a^{-2} \cdot b^{-3} = \frac{1}{a^2 \cdot b^3}$
i) $6^{-2} \cdot a^4 = \frac{a^4}{6^2} = \frac{a^4}{36}$
j) $a^{-4} \cdot b^5 = \frac{b^5}{a^4}$

Seite 44

Aufgabe 1:
a) $10^1 = 10$
b) $10^2 = 10 \cdot 10 = 100$
c) $10^4 = 10 \cdot 10 \cdot 10 \cdot 10 = 10.000$
d) $10^7 = 10 \cdot 10 \cdot 10 \cdot 10 \cdot 10 \cdot 10 \cdot 10 = 10.000.000$
e) $10^9 = 10 \cdot 10 \cdot 10 \cdot 10 \cdot 10 \cdot 10 \cdot 10 \cdot 10 \cdot 10 = 1.000.000.000$

Aufgabe 2:
a) 3.000 $= 3 \cdot 10^3$
b) 95.000 $= 95 \cdot 1000 = 95 \cdot 10^3 = 9{,}5 \cdot 10^4$
c) 673.000 $= 673 \cdot 1000 = 673 \cdot 10^3 = 6{,}73 \cdot 10^5$
d) 25.490.000 = Vier Nullen! Daher: $2549 \cdot 10.000 = 2549 \cdot 10^4 = 25{,}49 \cdot 10^6$ (≈ 25 Millionen)
e) 402.910.000 $= 40291 \cdot 10^4 = 402{,}91 \cdot 10^6$ (≈ 400 Millionen)

Lösungen

Seite 45

Aufgabe 1: **a)** $10^{-2} = \frac{1}{10^2} = \frac{1}{100} = 0{,}01$

b) $10^{-4} = \frac{1}{10^4} = \frac{1}{10.000} = 0{,}0001$

c) $10^{-6} = \frac{1}{10^6} = \frac{1}{1.000.000} = 0{,}000\ 001$

d) $10^{-7} = \frac{1}{10^7} = \frac{1}{10.000.000} = 0{,}000\ 000\ 1$

e) $10^{-9} = \frac{1}{10^9} = \frac{1}{1.000.000.000} = 0{,}000\ 000\ 001$

Aufgabe 2: **a)** $0{,}04 \cdot 10^0 = 0{,}4 \cdot 10^{-1} = 4 \cdot 10^{-2}$

b) $0{,}0071 \cdot 10^0 = 0{,}71 \cdot 10^{-2} = 7{,}1 \cdot 10^{-3}$

c) $0{,}000\ 528 \cdot 10^0 = 0{,}528 \cdot 10^{-3} = 5{,}28 \cdot 10^{-4}$

d) $0{,}000\ 008\ 762 \cdot 10^0 = 0{,}008\ 762 \cdot 10^{-3} = 8{,}762 \cdot 10^{-6}$

e) $0{,}000\ 000\ 090\ 13 \cdot 10^0 = 0{,}000\ 090\ 13 \cdot 10^{-3} = 0{,}090\ 13 \cdot 10^{-6} = 9{,}013 \cdot 10^{-8}$

Seite 47

Aufgabe 1:

a) $\sqrt{4} = 2$
b) $\sqrt{25} = 5$
c) $-\sqrt{49} = -7$
d) $-\sqrt{100} = -10$
e) $\sqrt{144} = 12$
f) $\sqrt{225} = 15$
g) $-\sqrt{324} = -18$
h) $\sqrt[3]{1} = 1$
i) $\sqrt[3]{27} = 3$
j) $\sqrt[3]{-64} = -4$
k) $\sqrt[3]{-125} = -5$
l) $\sqrt[3]{343} = 7$
m) $\sqrt{b^2} = b$
n) $\sqrt{9a^2} = 3a$
o) $\sqrt{64b^2} = 8b$
p) $\sqrt{81b^2} = 9b$
q) $\sqrt{169a^2} = 13a$
r) $\sqrt{400b^2} = 20b$
s) $\sqrt[3]{b^3} = b$
t) $\sqrt[3]{8a^3} = 2a$
u) $\sqrt[3]{64a^3} = 4a$
v) $\sqrt[3]{216b^3} = 6b$
w) $\sqrt[3]{(a + b)^3} = a + b$
x) $\sqrt[3]{(a - b)^3} = a - b$
y) $\sqrt[3]{(a + 3b)^3} = a + 3b$

Lösungen

Seite 49 – Quiz

$3a + 4a =$ $\mathbf{7a}$ 1	$8a - 12ab - ab =$ $\mathbf{8a - 13ab}$ 2	$5a \cdot 7 =$ $\mathbf{35a}$ 3	$28b : 7b =$ $\mathbf{4}$ 4	$(-36a) : 9a =$ $\mathbf{-4}$ 5	$a + (-a) =$ $\mathbf{0}$ 6
-6 ____ $= 42a$ $\mathbf{\cdot (-7a)}$ 7	$7(2b + 4) =$ $\mathbf{14b + 28}$ 8	$(x + 3)(x - 4) =$ $\mathbf{x^2 - 4x + 3x - 12 =}$ $\mathbf{x^2 - x - 12}$ 9	$32b$ ____ $= -8$ $\mathbf{: (-4b)}$ 10	$-(5 + x) =$ $\mathbf{(-1) \cdot (5 + x) = -5 - x}$ 11	$(10x - 3)\,7 =$ $\mathbf{70x - 21}$ 12
$a \cdot a \cdot a =$ $\mathbf{a^3}$ 13	$4a^2 + 6a^2 - a^2 =$ $\mathbf{9a^2}$ 14	$(ab)^5 : (ab)^2$ $\mathbf{(ab)^3}$ 15	$(a + 4)^2 =$ $\mathbf{a^2 + 8a + 16}$ 16	$(10a - 2b)^2 =$ $\mathbf{100a^2 - 40ab + 4b^2}$ 17	$(5a + 3b)(5a - 3b) =$ $\mathbf{25a^2 - 9b^2}$ 18
$a^5 \cdot b^5 =$ $\mathbf{(ab)^5}$ 19	$27a^3 \cdot 125b^3 =$ $\mathbf{(15ab)^3}$ 20	$6^b : 3^b =$ $\mathbf{2^b}$ 21	$(5b^4)^3 =$ $\mathbf{125b^{12}}$ 22	$(a^7)^5 =$ $\mathbf{a^{35}}$ 23	$(b^5 : b^2)^3 =$ $\mathbf{b^9}$ 24
$3a^{-4} =$ $\mathbf{\frac{3}{a^4}}$ 25	$a^{-2} \cdot b^3 =$ $\mathbf{\frac{b^3}{a^2}}$ 26	$(\frac{2x}{y})^3 =$ $\mathbf{8x^3 \cdot y^{-3}}$ 27	$856.000 =$ $\mathbf{8{,}56 \cdot 10^5}$ 28	$2.970.000 =$ $\mathbf{2{,}97 \cdot 10^6}$ 29	$10.000 \cdot 10.000 =$ $\mathbf{10^8}$ 30
$10^{-5} =$ $\mathbf{0{,}00001}$ 31	$0{,}00033 =$ $\mathbf{3{,}3 \cdot 10^{-4}}$ 32	$10^{-4} \cdot 10^5 =$ $\mathbf{10}$ 33	$\sqrt{49a^2} =$ $\mathbf{7a}$ 34	$\sqrt[3]{27b^3} =$ $\mathbf{3b}$ 35	$(3a - x)(3a + x) =$ $\mathbf{9a^2 - x^2}$ 36

Seite 50 – Quiz

$7b + b =$ $\mathbf{8b}$ 1	$4 \cdot 6a =$ $\mathbf{24a}$ 2	$36ab : 4 =$ $\mathbf{9ab}$ 3	$(-15a) : (-3) =$ $\mathbf{5a}$ 4	$-5b - 4b =$ $\mathbf{-9b}$ 5	$7a \cdot (-9) =$ $\mathbf{-63a}$ 6
$12a\ \underline{\mathbf{\cdot 2b}} = 24ab$ 7	$(8a - 3b) \cdot 5 =$ $\mathbf{40a - 15b}$ 8	$(-x - 2)(x + 4) =$ $\mathbf{-x^2 - 4x - 2x - 8 =}$ $\mathbf{-x^2 - 6x - 8}$ 9	$18ab\ \underline{\mathbf{: 2a}} = 96$ 10	$-(x - y) =$ $\mathbf{(-1) \cdot (x - y) =}$ $\mathbf{-x + y}$ 11	$(a + 5)(a - 5) =$ $\mathbf{a^2 - 25}$ 12
$(2a \cdot b)^2 =$ $\mathbf{4a^2 + 4ab + b^2}$ 13	$(-b)^2 =$ $\mathbf{b^2}$ 14	$8 - (a - b) =$ $\mathbf{8 + (-1) \cdot (a - b) =}$ $\mathbf{8 - a + b}$ 15	$b^2 \cdot b =$ $\mathbf{b^3}$ 16	$(y - x)(5 + x) =$ $\mathbf{5y + xy - 5x - x^2}$ 17	$(xy)^7 : (xy)^2 =$ $\mathbf{(xy)^5}$ 18
$(-a^2) \cdot (-a^3) =$ $\mathbf{a^5}$ 19	$30xy\ \underline{\mathbf{: 10y}} = 3x$ 20	$(-b)^5 =$ $\mathbf{-b^5}$ 21	$8cd \cdot (-0{,}5a) =$ $\mathbf{-4acd}$ 22	$\frac{1}{6}x^2 + \frac{2}{3}x^2 =$ $\mathbf{\frac{5}{6}x^2}$ 23	$(ab)^3 \cdot (ba)^5 =$ $\mathbf{(ab)^8}$ 24
$(2x - \frac{1}{2})^2 =$ $\mathbf{4x^2 - 2x + \frac{1}{4}}$ 25	$64a^2 - 49b^2 =$ $\mathbf{(8a + 7b) \cdot (8a - 7b)}$ 26	$25a^2 : 16b^2 =$ $\mathbf{(\frac{5a}{4b})^2}$ 27	$(x^3)^4 =$ $\mathbf{x^{12}}$ 28	$7^{-2} \cdot a^5 =$ $\mathbf{\frac{a^5}{49}}$ 29	$43.500 =$ $\mathbf{4{,}35 \cdot 10^4}$ 30
$a^3 \cdot a^{-2} =$ $\mathbf{a^1 = a}$ 31	$-\sqrt{121} =$ $\mathbf{-11}$ 32	$0{,}0037 =$ $\mathbf{3{,}7 \cdot 10^{-3}}$ 33	$\sqrt{125x^3b^3} =$ $\mathbf{5bx}$ 34	$(a^6 : a^3)^4 =$ $\mathbf{(a^3)^4 = a^{12}}$ 35	$\sqrt{16a^2} \cdot 4a =$ $\mathbf{4a \cdot 4a =}$ $\mathbf{16a^2}$ 36

Lösungen

Seite 52 – Test II

Aufgabe 1: Eine Summe wird mit einem Faktor multipliziert, indem man jedes Glied der Summe mit dem Faktor malnimmt. Das ist das korrekte Auflösen von einer Klammer oder umgekehrt das Ausklammern eines gemeinsamen Faktors.

Aufgabe 2:
a) $4 \cdot (7a + 5b) = 28a + 20b$
b) $(6x - 2) \cdot (3 + 4y) = 18x + 24xy - 6 - 8y$
c) $(-10 + 7y) \cdot (-11x - 12) = 110x + 120 - 77xy - 84y$

Aufgabe 3: Potenzen = abgekürzte Schreibweise für die Multiplikation gleicher Faktoren, z.B. $4^3 = 4 \cdot 4 \cdot 4$

Aufgabe 4:
a) $7b^3 + 4a^3 - 6b^3 = 4a^3 - b^3$
b) $\frac{1}{2}x^2 + \frac{3}{4}x^2 - \frac{1}{4}x^3 = \frac{2}{4}x^2 + \frac{3}{4}x^2 - \frac{1}{4}x^3 = \frac{5}{4}x^2 - \frac{1}{4}x^3$
c) $\frac{2}{3}x^2 - \frac{1}{2}y^2 - \frac{1}{6}x^2 = \frac{4}{6}x^2 - \frac{1}{6}x^2 - \frac{1}{2}y^2 = \frac{3}{6}x^2 - \frac{1}{2}y^2 = \frac{1}{2}x^2 - \frac{1}{2}y^2$

Aufgabe 5:
a) $a^2 \cdot a = a^3$
b) $(ab)^3 \cdot (ab)^4 = (ab)^7$
c) $x^6 : x^4 = x^2$
d) $y^5 : y^5 = 1$

Aufgabe 6:
a) Binom = ein zweigliedriger Term, z.B. $x + 9$
b)
1. $(a + b)^2 = a^2 + 2ab + b^2$
2. $(a - b)^2 = a^2 - 2ab + b^2$
3. $(a + b) \cdot (a - b) = a^2 - b^2$

Aufgabe 7:
a) $(5a + 6b)^2 = 25a^2 + 60ab + 36b^2$
b) $(4x - 0{,}5)^2 = 16x^2 - 4x + 0{,}25$
c) $(7x + 9y) \cdot (7x - 9y) = 49x^2 - 81y^2$

Seite 53 – Test II

Aufgabe 8:
a) $a^2 + 8a + 16 = (a + 4)^2$
b) $x^2 - 10xy + 25y^2 = (x - 5y)^2$
c) $64x^2 - 49y^2 = (8y + 7y) \cdot (8y - 7y)$

Aufgabe 9:
a) $5a + 5b = 5 \cdot (a + b)$
b) $8x + 24xy = 8x \cdot (1 + 3y)$
c) $45xy - 27y = 9y \cdot (5x - 3)$

Aufgabe 10:
a) $6^2 + 14 + 3 \cdot (2a + 4) = 36 + 14 + 6a + 12 = 6a + 62$
b) $(4 - 6)^2 - 21 : (7 - 4) = (-2)^2 - 21 : 3 = 4 - 7 = -3$
c) $(x + 5) \cdot (x - 6) + (9 - 5)^2 + x = x^2 - 6x + 5x - 30 + 4^2 + x = x^2 - 30 + 16 = x^2 - 14$
d) $11 \cdot (-3x) - (3y - 4)^2 + 36x : (-9) + 2y^2 = -33x - (9y^2 - 24y + 16) + (-4x) + 2y^2$
$= -33x - 9y^2 + 24y - 16 - 4x + 2y^2 = -37x - 7y^2 + 24y - 16$

Aufgabe 11:
a) $5 \cdot 3^4 \cdot 6y^4 = 30(xy)^4$
b) $27a^3 : b^3 = \frac{3^3a^3}{b^3} = (\frac{3a}{b})^3$
c) $(x^7)^6 = x^{42}$
d) $x^5 \cdot y^{-5} = \frac{x^5}{y^5} = (\frac{x}{y})^5$

Aufgabe 12:
a) $48.000 = 48 \cdot 10^3 = 4{,}8 \cdot 10^4$
b) $45.230.000 = 4523 \cdot 10^4 = 4{,}523 \cdot 10^7$
c) $0{,}0026 = 26 \cdot 10^{-4} = 2{,}6 \cdot 10^{-3}$

Aufgabe 13:
a) $\sqrt{49} = 7$
b) $\sqrt{4b^2} = 2b$
c) $\sqrt{a^2 + 2ab + b^2} = \sqrt{(a + b)^2} = a + b$